浪漫婚礼蛋糕

WEDDING CAKES

[日] 山本直美 著

[日] 渡边文彦 摄影

张新奇 傅娜 译

中国轻工业出版社

序　言

　　《浪漫婚礼蛋糕》一书即将与读者见面了，这是我国焙烤食品行业的一件幸事。本书将对焙烤食品行业发展起到积极作用。

　　《浪漫婚礼蛋糕》原著作者为日本的山本直美（Naomi Yamamoto）。她是蛋糕装饰领域国际知名艺术家，特别是在糖花制作方面造诣深厚，是令人仰慕的行业领军人物。山本直美曾经在美国和英国（布鲁克兰高等教育技术学院）接受过系统专业训练，并且获得糖艺和蛋糕装饰专业的教师资格，曾先后任教于英国布鲁克兰的日本姊妹学校Genteel学院、东京的蛋糕及甜点学院（Cake & Confection Colleges），以及国际知名的英国Squires　Kitchen国际学校。山本直美有超过25年的教学经验，其严谨而亲切的教学风格深受学生的喜爱。

　　山本直美创作的这本书汇集了由季节变换引发灵感而精心设计的12组优雅、独特而美丽的婚礼蛋糕作品，涵盖多项糖艺与蛋糕装饰技巧，其中包括完美逼真的糖花制作方法、皇家糖霜装饰技巧以及各类糖艺装饰的塑造方法等。本书汇集了众多令人耳目一新的独特设计、美味配方、实用装饰技巧，再加上详细的步骤图解，是专业婚礼蛋糕设计师值得珍藏的经典之作。

　　近二十年来，我国焙烤食品行业取得了突飞猛进的发展，尤其是面包和西式糕点（包括糖艺和蛋糕装饰）的制作水平有了质的飞跃。近几年，中国焙烤食品糖制品工业协会组队参加面包、糖艺和蛋糕装饰等项目的国际重大比赛，取得了令人瞩目的出色成绩，真正做到了冲出亚洲、走向世界。焙烤食品行业的快速发展和产品制作技能不断提高是我国焙烤人几十年不断学习、锐意进取、刻苦努力的结果，同时行业企业几十年来持续"走出去，请进来"，学习国外先进制作技术和现代管理经验也起到了重要作用。

　　日本的面包和西点制作技术，尤其是糖艺和蛋糕装饰水平在亚洲排名第一，在世界名列前茅，一直是中国焙烤食品糖制品行业的学习榜样。山本直美大师的《浪漫婚礼蛋糕》一书在中国的出版发行无疑会在中国焙烤西点行业掀起新一轮学习和创新的浪潮。

　　"他山之石，可以攻玉。"只有不断学习交流，才能厚积薄发。中国焙烤食品糖制品工业协会将继续加强与先进国家相关行业协会和企业的交流与合作，并将继续选择一些优秀的专业书籍引进中国，呈现给行业同行。同时还要继续组织行业企业"走出去"，加强与国外先进企业的交流合作；把国际行业知名大师"请进来"，近距离地深入交流学习。与先进国家相比，我国焙烤食品行业的发展水平还有差距，国民对小康社会美好生活的需求不断增长，这就要求我国焙烤食品行业发展水平进一步提高，让我们"不忘初心，牢记使命"，为我国焙烤食品行业高质量发展目标的早日实现做出更大的贡献。

中国焙烤食品糖制品工业协会执行理事长

2020年4月

前　言

　　1999年，当英国Squires Kitchen糖艺公司首次出版发行《婚礼蛋糕》这一本国际性的专业杂志时，我从遥远的日本提交了我的一个作品图片。Squires Kitchen糖艺公司的创始人贝佛利·多顿随即将我的作品发表在下一期的杂志中。从那时起，我们就播下了友谊的种子。对彼此的尊重与欣赏使我们的友谊日渐深厚，《浪漫婚礼蛋糕》这部作品正是这一份友谊的结晶。在这里首先允许我向贝佛利和罗伯特致以我最真诚的感谢。

　　每个国家都有自己独特的传统与文化。在日本，人们庆祝婚礼的方式同欧洲也存在着巨大的差别。然而，我始终坚信，一个精心装饰的美丽婚礼蛋糕会得到世界各国人民的喜爱，因为无论你来自于哪一个文化背景，对艺术与美的追求是相通的。正是这一信仰激励着我完成了这本书的创作。

　　日本有一句谚语恰如其分地描绘了美丽的新娘，"当她站立的时候犹如一朵怒放的牡丹，坐下的时候像一朵含羞的芍药，走动时则像一朵圣洁的百合"。受此启发，我尝试着将深受人们喜爱的美丽典雅的鲜花融入婚礼蛋糕的设计中去，我相信花卉图案会为蛋糕增添一份特别的浪漫与柔美。

　　谈到蛋糕装饰技巧，我尽可能地将整个制作过程进行翔实细致的讲解，并为文字说明配备了精美的分步图解。在书中，我还特别设置了一个有关糖花制作技巧和皇家糖霜使用方法的独立章节，希望读者能从中受益。

　　被赋予制作婚礼蛋糕的使命是一种无上的荣耀，但尝试采用太多太复杂的装饰技法有的时候反倒会起到事倍功半的效果。松软可口的蛋糕更适合高雅简洁的装饰设计风格。我建议在聚苯乙烯蛋糕假体上进行较为烦琐复杂的装饰，以免破坏真正的蛋糕层。在这本书里，还包括了我个人偏爱的多个蛋糕配方以供读者选择。另外一个特别值得和各位读者分享的装饰窍门是，你可以在蛋糕托板上陈列与主题蛋糕相呼应的精美设计，从而使婚礼蛋糕的整体造型更为丰富与别致。

　　无论创作哪一种风格的婚礼蛋糕，最重要的是保持轻松愉悦的心情，并充分地享受整个创作的过程！

　　在过去的十年中，蛋糕装饰的流行趋势变化频繁，我希望我的作品能始终成为婚礼庆典中的亮点，并得到糖艺工作者由衷的赞赏与喜爱。

目 录

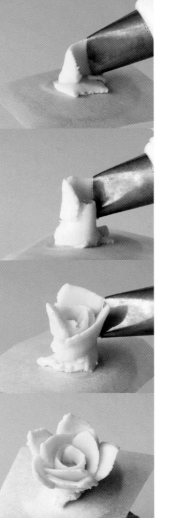

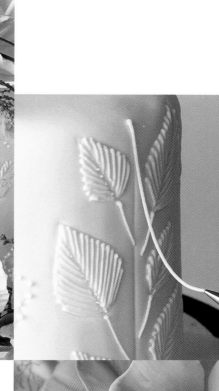

定制作品

原材料和工器具

　　以下清单中的工器具是制作书中大部分作品都要用到的基本必备工具，如果您经常制作婚礼蛋糕的话，建议按照清单配置齐全。另外我们会在每个婚礼蛋糕的独立章节中罗列出其他可能涉及的特殊用具，请在制作蛋糕之前确认已经做好充分的准备。

基本工器具

1　烘焙用透明玻璃纸
2　铝箔纸
3　蛋糕托板
4　蛋糕支撑杆
5　蛋糕抹平器
6　糖膏厚度标示尺
7　蛋糕和杯子蛋糕模具
8　保鲜膜（无图示）
9　取食签
10　大头针
11　厨师机
12　裱花针
13　烘焙油纸
14　厨房用纸
15　不粘擀板（大号、小号）
16　抹刀（大号、中号、小号）
17　铅笔（HB）

18　裱花袋
19　裱花嘴
20　不粘擀面杖（大号、小号）
21　橡胶刮刀
22　直尺（长50厘米为宜）
23　平底锅
24　缎带
25　剪刀
26　大号锯齿刀
27　尖刃刀
28　不锈钢刮板
29　筛子
30　滤茶器
31　转台
32　电子秤
33　钢丝钳

糖艺/糖花制作工器具

1 球形塑形工具
2 竹签或花朵纹路模
3 骨形塑形工具
4 尖头造型擀棒
5 棉线
6 小滚轮切刀（无图示）
7 色粉刷
8 尖头剪刀
9 绿色花艺胶带

10 花艺铁丝（绿色和白色）
11 花朵/叶片塑形工具
12 花朵支架
13 泡沫垫
14 加洛特褶边切模
15 叶片纹路模（无图示）
16 金属花瓣切模
17 画笔刷
18 压面机（无图示）

19 大号塑料糖花切模
20 聚苯乙烯球（直径2～6厘米）
21 糖花花托
22 轧纹塑形工具（无图示）
23 针形工具（无图示）
24 压纹棒（无图示）
25 纸巾（无图示）
26 镊子

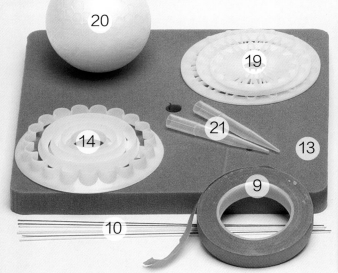

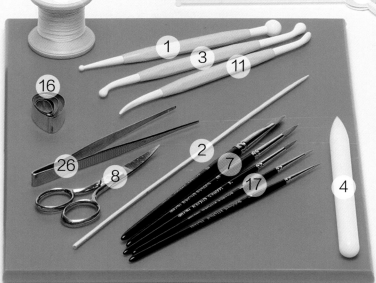

蛋糕配方表与制作方法

烘烤前的准备工作

你需要准备:

蛋糕模具

防油纸或烘焙用纸

铅笔

剪刀

固体植物白油或起酥油

1. 如果使用防油纸而不是烘焙纸,你需要将模具内侧(包括底部和侧边)涂抹少许固体植物白油。

2. 将蛋糕模具放在一张防油纸或烘焙纸上,用铅笔描摹出轮廓线,然后用剪刀进行裁剪。

3. 如果是圆形模具,需要用烘焙纸剪一个跟模具周长等长的长条形,将它粘贴在模具的侧边,宽度要略高于模具自身的高度。如果是方形的模具,需要用烘焙纸剪一个跟模具四个边长等长的长条形,宽度要略高于模具自身的高度。在模具的边角接缝处涂抹少许固体植物白油,然后将烘焙纸与模具贴合在一起。

4. 将裁剪好的圆形烘焙纸放在模具底部,然后将长条形烘焙纸贴合在模具侧边。在烘焙纸的接缝处涂抹少许白油后将两端黏合在一起。注意让底部与侧边的烘焙纸与模具充分贴合,中间不要有空隙。

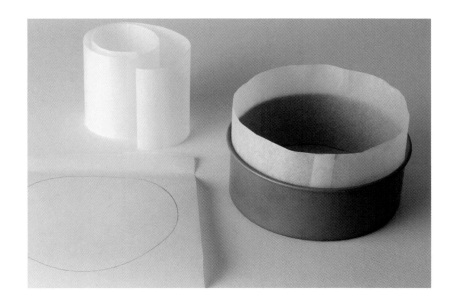

蛋糕烘焙的大师建议

- 制作婚礼蛋糕时最好选用有一定的硬度,而且保质期较长的蛋糕配方,例如英国传统的酒渍水果干蛋糕或是重黄油蛋糕。

- 尽量将蛋糕放在烤箱中层进行烘烤。烤箱顶层和底层的温度通常偏高,可能会将蛋糕烤焦。

- 烘烤的时间可能会因为烤箱的不同和各个国家供电情况的不同而略有差异。当蛋糕开始膨胀且颜色变成浅金棕色时,轻轻按压一下蛋糕的顶部,如果蛋糕能够回弹到按压之前的高度,说明已经烘烤成熟。此外,也可以将一根金属签插入到蛋糕的中心,待3秒后取出,如果金属签温热且洁净,说明蛋糕已经烘烤完成。

- 蛋糕烤熟后,将模具从烤箱中取出,将蛋糕保存在模具中放置一旁冷却。如果想让蛋糕快些冷却且不回缩,可以让装有蛋糕的模具从距离工作台20厘米左右的高度落下,这样可以加速排除热气。

- 如果要烘烤一个非常规尺寸或是特殊造型的蛋糕,在不确定所需要的蛋糕面糊的用量时,可以在模具中注入2/3的水,然后将水称重,这个数字就是大致需要准备的面糊的重量。

黄油海绵蛋糕配方表

圆形蛋糕（直径）	10厘米	15厘米	18厘米	20厘米	23厘米	25厘米	28厘米	30厘米
方形蛋糕（边长）		13厘米	15厘米	18厘米	20厘米	23厘米	25厘米	28厘米
无盐黄油（软化）	50克	150克	200克	250克	350克	450克	550克	650克
细砂糖	50克	150克	200克	250克	350克	450克	550克	650克
自发粉（过筛）	50克	150克	200克	250克	350克	450克	550克	650克
鸡蛋（约50克）	1	3	4	5	7	9	11	13
香草精	1/3茶匙	1茶匙	1 1/3茶匙	1 2/3茶匙	2 1/3茶匙	3茶匙	1 1/4汤匙	1 1/3汤匙
烘烤时间	40分钟	50分钟	50分钟	1小时	1小时15分钟	1小时20分钟	1小时40分钟	2小时

黄油海绵蛋糕

制作黄油海绵蛋糕有两种方法：一种是将所有的原材料一次性加入的方法；另一种是糖油混合法。这两种制作方法的配方并没有大的差异，但我个人更倾向于使用将所有原材料一次加入的方法，这样制作出的蛋糕更加美味，质地也更为细腻。

所有原料一次加入法

1. 将烤箱预热到160℃，准备好蛋糕模具并垫好烘焙纸（见第9页）。为防止蛋糕在烘烤时因体积膨胀而溢出（例如蛋糊填充最量超过模具的3/4），应确保垫在模具中的烘焙纸高于模具4～5厘米。

2. 将鸡蛋放在搅拌碗内，加入香草精并搅拌均匀。

3. 将鸡蛋和香草精的混合物以及面粉、糖、黄油倒入厨师机配备的搅拌碗中，先低速搅拌，然后加快速度继续搅拌直到面糊完全混合均匀。

4. 将面糊倒入模具，然后用刮刀将表面抹平。将模具放在烤箱中按规定的时间进行烘烤。或者用金属签插入蛋糕中进行测试，如果签子拔出的时候温热且洁净说明蛋糕已经烘烤成熟（见第9页）。

糖油混合法

1. 将烤箱预热到160℃。确保蛋糕纸托的高度高于模具4～5厘米，以免蛋糕在烘烤过程中因为体积膨胀而溢出。

2. 将鸡蛋放在搅拌碗中，加入香草精并搅匀。

3. 将黄油和糖放在厨师机配备的搅拌碗中，用搅拌桨打发至颜色变浅，质地膨松。加入约1/10的面粉，并搅拌均匀。

4. 少量分批将鸡蛋和香草精混合物缓慢倒入蛋糕面糊中，并搅拌均匀。

5. 加入剩余的面粉，低速搅拌均匀。

6. 将面糊倒入模具，然后用刮刀将表面抹平。将模具放在烤箱中按配方所标注的时间进行烘烤。或者用金属签插入蛋糕进行测试，如果签子拔出的时候温热且洁净说明蛋糕已经烘烤成熟（见第9页）。

酒渍水果干蛋糕配方表

圆形蛋糕（直径）	10厘米	15厘米	18厘米	20厘米	23厘米	25厘米	28厘米	30厘米
方形蛋糕（边长）		13厘米	15厘米	18厘米	20厘米	23厘米	25厘米	28厘米
黑加仑干	40克	100克	130克	165克	230克	300克	360克	420克
白葡萄干	40克	100克	130克	165克	230克	300克	360克	420克
葡萄干	40克	100克	130克	165克	230克	300克	360克	420克
糖渍樱桃	15克	30克	45克	55克	75克	100克	120克	140克
糖渍橘皮	15克	30克	45克	55克	75克	100克	120克	140克
糖渍柠檬皮	15克	30克	45克	55克	75克	100克	120克	140克
柠檬（取皮，削屑）	1/4	1/3	1/2	1/2	3/4	1	1 1/3	2
白兰地	50毫升	100毫升	150毫升	200毫升	270毫升	360毫升	430毫升	500毫升
无盐黄油（软化）	60克	150克	200克	250克	350克	450克	550克	650克
红糖	60克	150克	200克	250克	350克	450克	550克	650克
面粉	60克	150克	200克	250克	350克	450克	550克	650克
鸡蛋（约50克）	1	2 2/3	3 2/3	4 1/2	6 1/3	8	10	11 2/3
泡打粉	1/4茶匙	1/2茶匙	2/3茶匙	3/4茶匙	1 1/4茶匙	1 1/2茶匙	1 3/4茶匙	2 1/3茶匙
混合香料	1/2茶匙	3/4茶匙	1茶匙	1 1/4茶匙	1 2/3茶匙	2 1/4茶匙	2 3/4茶匙	3 1/3茶匙
糖蜜	2茶匙	1 1/3汤匙	1 2/3汤匙	2汤匙	3汤匙	3 2/3汤匙	4 1/3汤匙	6汤匙
烘烤时间	1小时	2小时30分钟	3小时	3小时15分钟	3小时20分钟	3小时30分钟	4小时	4小时30分钟

酒渍水果干蛋糕

　　酒渍水果干蛋糕需要烘烤较长的时间以避免出现夹生的情况。在烘烤时我们可以在模具下面放两个烤盘，当蛋糕表面呈金棕色时再在模具上面加盖一层锡箔纸，这样可以防止蛋糕因烘烤时间过长而烤焦（尤其是在制作大尺寸的蛋糕时）。

1. 将果干倒入装有热开水的碗中，然后倒入滤网将水沥干。

2. 将糖渍樱桃切成小块，和糖渍橘皮、柠檬皮和其他果干一起加入碗中，加入磨碎的柠檬和白兰地酒后搅拌均匀。将所有的原料在酒液中浸泡至少一天。泡透之后，将果干混合物倒入滤网沥干。

3. 将烤箱预热到150℃，在模具里面垫两层防油纸或烘焙纸（见第9页）。

4. 将鸡蛋放在碗中轻轻搅打。

5. 将黄油和糖放在另一个碗或厨师机配备的搅拌碗中，用搅拌桨打发至颜色变浅，质地膨松。加入糖蜜后搅拌均匀。

6. 在糖油混合物中加入1/10的面粉，搅拌均匀。少量分批将鸡蛋液缓慢地倒入蛋糕面糊中并搅拌均匀。

7. 将剩余的面粉、泡打粉和混合香料过筛，然后加入到蛋糕面糊中再次搅拌均匀。加入浸泡过的水果干，并用刮刀拌匀。

8. 将蛋糕面糊倒入准备好的模具中，用刮刀将面糊表面抹平。

9. 按配方所标注的时间进行烘烤。或者用金属签插入蛋糕进行测试，如果签子拔出的时候温热且洁净说明蛋糕烘烤成熟（见第9页）。

10. 将蛋糕从烤箱中取出，保存在模具中直到冷却。

11. 将剩余的白兰地酒淋在蛋糕表面。

　　储存蛋糕时，要在蛋糕冷却后用防油纸包裹好，然后再包一层保鲜膜。将水果干蛋糕放入冰箱冷藏3天后再食用口感会更好。这款蛋糕的保质期最长可达2～3周。

巧克力蛋糕配方表

圆形蛋糕（直径）	10厘米	15厘米	18厘米	20厘米	23厘米	25厘米	28厘米	30厘米
方形蛋糕（边长）	7.5厘米	12厘米	15厘米	18厘米	20厘米	23厘米	25厘米	28厘米
无盐黄油（软化）	80克	195克	260克	330克	455克	590克	710克	900克
黑巧克力（甜度适中，可可含量最少50%）	75克	180克	240克	300克	420克	540克	660克	840克
面粉	60克	150克	200克	250克	350克	450克	550克	650克
细砂糖	60克	150克	200克	250克	350克	450克	550克	650克
鸡蛋（约50克）	1	3	4	5	7	9	11	13
泡打粉	1/3茶匙	1茶匙	1 1/3茶匙	1 2/3茶匙	2 1/3茶匙	1汤匙	1 1/3汤匙	1 1/3汤匙
香草精	1/3茶匙	1茶匙	1 1/3茶匙	1 2/3茶匙	2 1/3茶匙	1汤匙	1 1/3汤匙	1 1/3汤匙
烘烤时间	45分钟	1小时	1小时15分钟	1小时15分钟	1小时20分钟	1小时30分钟	1小时45分钟	2小时

巧克力蛋糕

建议使用高品质的黑巧克力（甜度适中型）替代传统的可可粉来制作这款蛋糕，因为它可以为蛋糕增添更为浓郁的巧克力风味。

1. 用平底锅将水煮沸，将盛有黑巧克力碎的金属碗置于平底锅上方，确保碗底不会碰到水面。将巧克力隔水融化后置于一旁冷却。

2. 将鸡蛋打入碗中，加入香草精并搅拌均匀。

3. 将烤箱预热到160℃，按第9页的方法准备好蛋糕模具。

4. 将软化的黄油和糖放在厨师机配备的搅拌碗中，用搅拌桨打发至颜色变浅，质地膨松。加入1/10的面粉并搅拌均匀。

5. 少量分批将鸡蛋和香草精混合物缓慢地倒入蛋糕面糊中，并搅拌均匀。

6. 加入融化的巧克力并搅拌均匀。

7. 将剩余的面粉和泡打粉过筛后加入到面糊中，然后低速搅拌至均匀。

8. 将打好的面糊倒入模具，用刮刀将面糊表面抹平。

9. 按配方所标注的时间进行烘烤。或者用金属签插入蛋糕进行测试，如果签子拔出的时候温热且洁净说明蛋糕已经烘烤成熟（见第9页）。

朗姆蛋糕球

这是我个人最喜欢的一个配方，利用蛋糕坯的边角料和任何一种多余的馅料为原料，不仅制作方法简单，而且避免了不必要的浪费。你也可以用这个配方来制作棒棒糖蛋糕——只要将糖棒插入蛋糕球的底部就可以了。

你需要准备：

100克蛋糕余料

40克巧克力酱（甘纳许）或是融化的巧克力

20克奶油霜（或稀奶油）

30克在朗姆酒中浸泡过的葡萄干（见第20页）

少量的其他馅料（如覆盆子酱或黑樱桃酱）（可自选）

无糖可可粉

这些材料可以制作7个直径3厘米左右的蛋糕球。

1. 将冷藏过的巧克力酱（甘纳许）和奶油霜在室温下软化。

2. 将蛋糕余料放在碗中捣碎。也可以使用食物料理机来处理。

3. 加入除奶油霜之外的其他所有原料，并搅拌均匀。

4. 加入足够的奶油霜再次搅拌均匀。

5. 将一张保鲜膜放在手中，用勺子舀一勺蛋糕面团。将保鲜膜包起来，将开口的一端拧紧然后将面团搓成球形。

6. 将做好的蛋糕球从保鲜膜中取出。如果面团太软，可以把它放在烤盘上然后放进冰箱冷藏定形。将可可粉放在碗中，然后将每个蛋糕球都均匀地裹上可可粉。

大师建议：

使用酒渍水果干蛋糕的余料时，只需在原料中加入少许杏仁膏和朗姆酒，混合均匀后揉成球形，最后裹上一层可可粉即可。

曲奇饼干

这款配方可以制作12～15个礼服曲奇（见第183页）或者一款长方形的山茶花曲奇饼干（见第51页）。

为了让饼干更加香脆，一定要将黄油和糖充分打发，直到质感轻盈蓬松。此外还建议在烘烤的时候随时关注饼干烘烤的状况，并调换饼干摆放的位置，这样可以让饼干受热均匀，避免烤焦。

可食用原材料

100克软化的无盐黄油

70克细砂糖

200克过筛的面粉

40克鸡蛋，搅拌均匀

工器具

带搅拌桨的厨师机

一组糖膏厚度标示尺

垫板

大号擀杖

曲奇切模

小号抹刀

烤盘

防油纸

冷却架

25厘米×35厘米的食品级塑料袋

1. 用厨师机将黄油和糖打发至颜色变浅，质地膨松。

2. 加入鸡蛋后搅拌均匀。然后再加入面粉，低速搅拌直到形成面团。

3. 将面团放入食品袋中，用双手将面团挤压成型（这样做是为了防止手直接和面团接触）。将袋子放进冰箱冷藏至少1小时。

4. 将装有面团的塑料袋取出放在不粘擀板上，以糖膏厚度标示尺为标准，用擀杖擀成大约4毫米、厚薄均匀的薄片。

5. 将面团放进冰箱冷藏定形，然后将烤箱预热到150～160℃。

6. 将装有面团的袋子放到擀板上。裁掉袋子的两边，将袋子打开，然后用切模切出饼干的形状。

7. 在烤盘上垫好防油纸，用抹刀将曲奇饼干移到烤盘上。

8. 烘烤15～20分钟直到饼干边缘呈金棕色，然后将烤盘从烤箱中取出并放到网架上冷却。

大师建议：

将面团放入食品袋中擀开可以避免额外添加面粉，这样饼干的口感会更好，你的手也不会粘在面团上。

我通常使用这个配方来制作皇家糖霜饼干的底坯，因此配方中砂糖的用量减少了30%。如果制作普通的曲奇饼干，可以将细砂糖的用量提高到100克。

  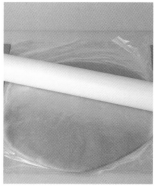 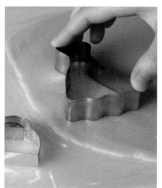

馅　料

糖浆（保湿糖浆）

用糕点刷将糖浆刷在海绵蛋糕上，不仅可以提高蛋糕的润泽度，还可以增加风味，在蛋糕表面涂抹甘纳许或奶油糖霜也会变得更容易。

可食用原材料

30克糖
30毫升水

工器具

平底锅
抹刀
密封容器

用这个配方制作的糖浆适用于直径15厘米的圆形蛋糕。蛋糕尺寸每增加2~3厘米，所需要的糖与水的量也要随之增加30~50克/毫升。

1. 将水和糖放在深底锅中煮沸。间歇性地搅拌直到糖完全融化。

大师建议：

为了提升糖浆的风味，可以在关火之前加入约20毫升的白兰地酒、朗姆酒或橙味利口酒，酒精将借助余热得以挥发。

2. 关火放置冷却。如果在糖浆中加入利口酒的话，在糖浆冷却之前就要密封保存，这样可以尽可能保持利口酒的风味。

3. 放在密封容器中的糖浆可以在冰箱冷藏保存3周。

奶油糖霜

这款配方奶油口味醇厚，质感柔滑细腻，但如果你偏好更轻盈的口感，也可以加入更多的糖粉。你也可以在这款配方的基础上加入其他原料进行调味。

可食用原材料

250克软化的黄油
250克过筛的糖粉

几滴香草精

工器具

带搅拌桨的厨师机
带盖的容器

1. 将软化的黄油、糖粉和香草精放入厨师机配备的搅拌碗中。

2. 低速搅拌直至混合均匀，然后高速打发直到颜色变浅、质感膨松。

3. 放在密封容器中的奶油糖霜可以在冰箱冷藏保存10天。使用之前需要将糖霜回温至室温。

该配方制作的奶油糖霜适用于直径15厘米的圆形蛋糕。蛋糕尺寸每增加2~3厘米，黄油与糖粉的用量也要随之增加100~200克。

风味奶油霜

以下配方可以制作100克馅料。

朗姆葡萄干口味

提前两周将50克葡萄干浸泡在朗姆酒中。然后将浸泡过的葡萄干放入50克奶油糖霜中搅拌均匀。朗姆葡萄干风味最适合与巧克力海绵蛋糕搭配使用。如果想要降低酒精含量，少加一些朗姆酒就可以了。

樱桃口味

将50克酒渍糖水樱桃切成1/4大小的块，然后加入到50克的奶油糖霜中并搅拌均匀。

覆盆子口味

将80克覆盆子酱与20克奶油糖霜搅拌均匀即可。在果酱中加入少量奶油糖霜可以使果酱更容易在蛋糕上涂抹均匀。覆盆子奶油霜最适合于巧克力蛋糕配合使用。

玫瑰口味

在80克玫瑰酱中加入20克奶油糖霜并搅拌均匀。如果市场上没有玫瑰酱的成品出售，你可以在网络上找到这款酱的制作方法。玫瑰酱散发淡淡的玫瑰香气，最适合与用玫瑰装饰的蛋糕搭配使用，例如英国玫瑰婚礼蛋糕（见第88页）。

大师建议：

将所有的调味原料和少量的奶油馅混合在一起，这样做比将原料和所有的奶油混合在一起要好。这样可以更容易将奶油涂在蛋糕表面，既能让风味更加浓厚，又可以让馅料保持新鲜。将蛋糕平行切开，先将奶油糖霜涂在蛋糕上，再将调过味的奶油霜涂在顶部。

巧克力酱（甘纳许）

巧克力甘纳许是一种浓郁美味的多用馅料。刚制作完成时，甘纳许可能会比较稀，这时候最容易涂抹在蛋糕上。当它冷却变得黏稠时，你可以在里面加入一些奶油糖霜使其更易于涂抹。

可食用原材料

300克黑巧克力币（甜度适中型，可可含量不低于53%）

300毫升稀奶油

工器具

搅拌器

木勺

搅拌碗

两个平底锅（一大一小）或双层蒸锅

1. 将巧克力币放进搅拌碗中。

2. 将大号平底锅加水烧开，然后将小号平底锅叠放上去。将稀奶油倒入小号锅内，小火隔水加热，用木勺轻轻搅拌直至达到沸点。

3. 将加热后的稀奶油倒入装有巧克力的搅拌碗中，用搅拌器轻轻搅拌直至顺滑。

4. 待冷却后将甘纳许放入密封容器中，然后可以放在冰箱中冷藏保存3周时间。使用之前需将甘纳许回温到室温。如果想要让甘纳许稀一些，可以在一个碗中盛满热水，将甘纳许放在另一个碗中并置于热水上方隔水加热，待回温之后轻轻搅拌均匀即可。

用于裱花的奶油糖霜

使用黄油制作的奶油糖霜虽然美味，但手掌的热量会让糖霜变软，从而增加裱花装饰的难度。植物白油制作的奶油糖霜虽然更易定形，但口感会稍差。因此在使用奶油糖霜裱花时，我会使用等量的黄油和植物油来制作糖霜。下面的黄油和植物油的配方比例仅供参考，你可以按照自己的口味自行调整。

可食用原材料

50克含盐黄油，室温软化

50克植物白油（起酥油），室温

20毫升冷开水

600克细糖粉

几滴香草精或薄荷精油（选用）

工器具

食物料理器或搅拌器

碗

密封容器

1. 将黄油和植物白油放在一起打发直至质感轻盈膨松。

2. 缓慢地加入冷开水，持续搅拌直到混合均匀。

3. 加入糖粉并继续打发。

4. 如果你喜欢的话，这时可以加入几滴精油并搅拌均匀。

5. 放入密封容器中的奶油糖霜可以在冰箱冷藏保存1周时间。

翻糖膏

糖艺制作中所使用的糖膏的主要成分是糖粉、植物白油和葡萄糖。其他类型的糖膏也是以这几种基本原料为基础，通过适当调整成分的比例或是额外添加一些胶质从而达到不同的质地和强度。本书所涉及的不同类型的翻糖膏都可以在糖艺用品经销商处购买到。

翻糖膏

大多数的翻糖膏中都含有食用甘油，这一成分可以让糖膏变得柔软、光滑，适用于蛋糕的包面。市面上有很多预先调好颜色的糖膏，或者你也可以自己用色素进行调色（见后文）。

糖花膏（干佩斯）

糖花膏的质地柔韧，即使擀得很薄也不会破裂，这是因为其中添加了黄芪胶的成分。糖花膏主要用于制作翻糖花朵和叶片。你可以从大多数翻糖原料供应商处购买到各色预调色的糖花膏。

塑形糖膏（墨西哥糖膏）

塑形糖膏是由翻糖膏和糖花膏混合而成；它柔韧的特性使其成为人偶造型和其他塑形装饰的理想选择。虽然市面上有多种成品塑形糖膏出售，但我更喜欢自己调制，这样我就可以根据造型的设计要求把控糖膏的强度。

塑形糖膏的基础配方是由50%的翻糖膏和50%的糖花膏组成。如果糖膏太软难以定形，可以加入更多的糖花膏；反之，如果糖膏太硬，塑形变得难以操作，则可以加入更多的翻糖膏。因为糖膏的软硬度会受制作者手温和操作间温度的影响，所以最好能根据具体的操作条件来确定糖膏的配比。

储藏

在使用过程中一定要注意把糖膏放在密封的食品保鲜袋内保存，以防风干变硬。使用后要将装有糖膏的食品保鲜袋放入密封容器中保存。你也可以将糖膏冷藏或是冷冻保存，注意在使用前让它恢复室温。一般情况下，糖膏可以在冰箱中保存数周，在冰柜中保存数个月。但调过颜色的糖膏会更容易风干，保质期要更短一些。如果你使用市售的糖膏，就要按照包装上的说明进行保存。

调色

最好选用膏状色素为糖膏进行调色，因为液体色素可能会改变糖膏的黏稠度。调色时，用小木签蘸取少量色素添加在糖膏上面，然后将色素揉搓进糖膏直到完全混合均匀。需要对大块的糖膏进行调色时，可以准备好一个颜色调得很深的糖膏球，然后把它揉进需要调色的糖膏中，直到颜色均匀统一。重复上面的操作直到所有的糖膏都调色完成。

食用色粉通常用于糖艺作品的彩妆上色。使用时只要用干燥的软笔刷将选定的色粉涂抹在作品上即可。为了实现更加鲜明突出的装饰效果，也可以在色粉中添加少量的酒精并混合均匀，然后用细笔刷在作品上进行细节勾画处理。待酒精挥发后，色彩就会留在蛋糕上了。

大师建议：

如果想要将已经完全干燥的糖艺部件黏合在一起，你可以用少量的蛋白糖霜作为黏合剂，或者在糖花膏中加入少许冷开水，待混合成黏稠的膏体后作为黏合剂使用。

可食用胶水

可食用胶水是糖艺制作的理想的黏合剂。在翻糖作品未干透之前，用笔刷蘸取少许可食用胶水，涂抹在部件上将它们黏合固定在一起即可。使用时要注意控制用量，涂抹过多的胶水会使部件难以固定，易于滑落。你可以在糖艺供应商处购买到成品的可食用胶水，也可以根据下面的配方自己制作。

可食用原材料

15份冷开水
1份CMC粉（羧甲基纤维素钠）

工器具

木勺
搅拌碗
经过杀菌的密封容器

1. 在1份量的CMC粉中加入15份的冷开水，并进行搅拌。

2. 将碗口盖住后放置1天，让CMC充分溶解。

3. 将制作好的可食用胶水装入经过杀菌的密封容器中，在冰箱中可保存1周。

皇家糖霜（蛋白糖霜）

我使用Squires Kitchen即用速溶混合皇家糖霜粉来制作本书中与皇家糖霜相关的作品，这款产品使用方法简便（参见包装上的使用方法指南），而且性能稳定。如果你想要自制蛋白糖霜，建议使用下面的基础配方。

基础蛋白糖霜配方

可食用原材料

50克新鲜鸡蛋蛋白，室温（或者将10克蛋白粉溶解于50毫升的纯净水中）270克纯糖粉，过筛（如果使用的是新鲜蛋白，糖粉的用量可能要略作调整）

工器具

滤茶器
带搅拌桨的厨师机

该配方可以制作出300～320克的蛋白糖霜，能装12～15个裱花袋。

你可以在该配方中使用新鲜鸡蛋，但我更倾向于使用经过巴氏灭菌的蛋白粉，它的保质期更长，称量也更为精确。你可以按照包装上的使用说明将10克蛋白粉和50毫升冷开水混合在一起，放置几个小时，待蛋白粉充分溶解之后用滤茶器或者小筛网过滤一下即可。

在未经烹调（或经过轻微烹调）的食品中推荐使用经巴氏灭菌的鸡蛋。如果你决定使用新鲜鸡蛋白，最好选用印有标志认证的鸡蛋，因为这种鸡蛋是符合食品安全标准的。鸡蛋的选用对于从事蛋糕制作和装饰的人员来说是尤为重要的，因为不论是烘焙，制作糖霜、杏仁膏，

还是制作蛋糕馅料，鸡蛋都是必不可少的原料。

1. 将蛋白和2/3的糖粉放在厨师机配备的搅拌碗中。

2. 用搅拌桨低速搅拌，直到混合物变得绵密有光泽。

3. 加入剩余的糖粉并继续搅拌，直到糖霜变得坚挺。

皇家糖霜的黏稠度

如果想要改变蛋白糖霜的黏稠度，你可以在混合物中加入更多的糖粉或是冷开水。

硬度适中的糖霜

高硬度糖霜

超强硬度糖霜

流动糖霜

硬度适中的糖霜：使用小刮刀取少许糖霜，翻转过来进行观察，如果霜体质感坚挺，顶端稍有弯曲形成一定的弧度即可判断糖霜达到合适的软硬度。这种状态的糖霜适合与00-1或2号裱花嘴配合使用。

高硬度糖霜：在每100克调制好的黏稠度适中的糖霜中添加10克糖粉并再次打发。使用小刮刀取少许糖霜后翻转过来进行观察，高硬度糖膏质感坚挺，顶端也不会弯曲变形。最适合与这种糖霜配合使用的裱花嘴为：2号、3号及3号以上的圆形裱花嘴；14号及14号以上的星形裱花嘴；101s-101和67号花朵和叶子专用裱花嘴。

超强硬度糖霜：如果要让糖霜更加坚硬，在每100克调制好的硬度适中的皇家糖霜中添加20克的糖粉并搅拌均匀。使用超强硬度的糖霜进行裱花可以使裱出的花瓣更易于定形。最适合与这种糖霜配合使用的裱花嘴为：101号及以上的花瓣形裱花嘴，以及67和70号的叶形裱花嘴。

流动糖霜：在调制好的硬度适中的皇家糖霜中添加几滴纯净水并搅拌均匀。用刮刀在糖霜表面轻划一下，糖霜应在一定时间内流平：

（1）5秒后糖霜表面归平：适用于填充较大面积的流动糖霜装饰件。

（2）10秒后糖霜表面归平：适于填充小型流动糖霜装饰件。

（3）15秒后糖霜表面归平：这种糖霜的稀稠度介于硬度适中的糖霜和流动糖霜之间。这种"松弛"的糖霜比较容易定形，一般不再需要提前勾画外轮廓线。我选择这种糖霜来制作"开心鸟婚礼蛋糕"上的玫瑰图案（见第156页）和"圣诞定制婚礼蛋糕"上的装饰性圆点。

使用玉米糖浆的蛋白糖霜
（热带婚礼蛋糕，树叶造型饼干）

添加了玉米糖浆（有时也称之为葡萄糖浆）的蛋白糖霜适用于制作包含数种颜色的糖霜创意设计，因为添加的玉米糖浆可以延缓糖霜干燥的速度。这种糖霜的制作方法是：在每100克调制好的硬度适中的糖霜中加入8克的玉米糖浆并搅拌均匀。你也可以额

外加入一些蛋白使糖霜变得更稀，或者加入更多的糖粉使它变得更为黏稠。

皇家糖霜的储存方法

当你使用蛋白糖霜时要将糖霜盛放在碗中并在上面覆盖一块干净的、潮湿的毛巾，以免糖霜表面风干形成硬壳。在裱花嘴上盖上湿布也能起到同样的保护作用。

装入密封塑料容器内的糖霜可以在室温状态下保存2天。再次使用之前需要重新搅拌，因为保存一段时间的糖霜可能会发生糖与水分离的现象。

糖霜调色方法

我通常会使用液体色素来对蛋白糖霜进行调色。然而，如果你想要达到深色的效果，我推荐使用少量的膏状食用色素。膏状的食用色素中通常含有丙三醇（即食用甘油）和甘油酯，这两种物质会使糖霜难以完全干燥。Squires Kitchen品牌的膏状色素不含有甘油，可以与蛋白糖霜配合使用。对糖霜进行调色时，要注意不要加入过多的液体色素，否则糖霜的黏稠度会发生改变，此外还会延缓其干燥的时间。膏状色素应该用小木签少量多次添加调试，使用前应确保糖霜的颜色已经完全混合均匀。

如何制作裱花袋

如果你只需要使用少量的蛋白糖霜，自制的纸质裱花袋比市场上出售的可重复使用的裱花袋更为经济实用。我推荐用防油纸来制作裱花袋（见下图），防油纸有防水功能，因此适合与蛋白糖霜配合使用。

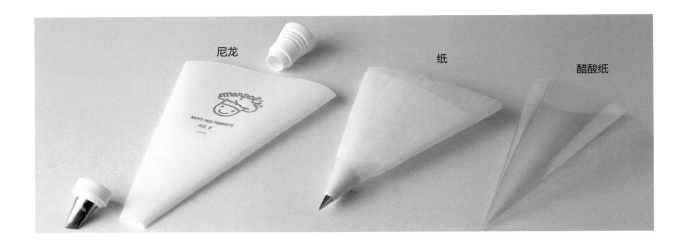

尼龙　　　　　　　　　　纸　　　　　　醋酸纸

防油纸裱花袋

你需要准备：

防油纸
剪刀

大师建议：

你可以将纸沿对角线折叠，制作一个简单的裱花袋。多出来的纸可以多绕几圈，让袋子更加强韧耐用。

---

1. 将一张防油纸剪成20厘米×30厘米的长方形。将纸沿对角线折45°，在长方形的短边上各留6厘米的边，然后用剪刀沿折痕剪开。

2. 在三角形的长边的中心位置向内折一下。捏住三角形长边的两端，将多留出6厘米边的那端对准长边中心的位置向内卷。用手固定好位置后将另外一边也卷过来。

3. 将袋子顶部的角向内折，然后在袋子的顶部剪两个小口，将剪开的部分内折，这样袋子的形状就可以固定住了。

4. 在袋子尖端1厘米处剪开一个小口，然后将裱花嘴装进去。用抹刀在袋子中装入1/2满的蛋白糖霜。装好糖霜之后，将袋口向下折两次并将两个角也对折进去，将袋口封上。

5. 裱花时，采用握铅笔的姿势握住裱花袋并轻轻挤出糖霜，然后用另一只手支撑住手腕。

烘焙用透明玻璃纸裱花袋

烘焙用透明玻璃纸有一定的硬度，制作的裱花袋易于定形，而且不需要装入裱花嘴就可以直接用来做装饰圆点、简单的拉线或是填充糖霜的操作。使用透明玻璃纸裱花袋你不仅可以省去清洗裱花嘴的麻烦，因为袋子是透明的，你也能很轻松地区分不同袋子中糖霜的颜色。购买烘焙用透明玻璃纸时，应该购买有一定厚度（0.4毫米以上）的，这样制作的裱花袋才足够结实。

你需要准备：

边长25厘米的正方形烘焙用透明玻璃纸
剪刀
胶带

1. 制作13厘米×9厘米的裱花袋需要用边长25厘米的正方形透明玻璃纸。将玻璃纸沿对角线剪成两个三角形。

2. 将三角形按前页步骤2的方法折成一个锥形。

3. 分别用胶带小心地将袋子顶端的外部和内部固定好。

4. 将糖霜装入裱花袋至1/2满。将开口的部分下折几次然后用胶带粘好。

5. 准备裱花时，将裱花袋的尖端按需要的尺寸剪开。

6. 裱花时，采用握铅笔的姿势握住裱花袋，然后轻轻地挤出糖霜。

尼龙裱花袋

尼龙裱花袋坚固耐用，比较适合与超强硬度的皇家糖霜配合使用，这样在裱饰花朵时袋子才不用因为用力挤压而开裂。另外尼龙裱花袋还可以与塑料连接头配合使用。使用塑料连接头可以让你在不更换裱花袋的情况下轻松地替换裱花嘴，这样你就可以很方便地用同一颜色的糖霜来制作不同样式的图案。尼龙裱花袋和连接头有不同尺寸之分，但20厘米和12.5厘米是糖艺制作中最常用的尺寸。在选择裱花嘴时要注意与连接头的大小配套。

你需要准备：

尼龙裱花袋
剪刀
带连接头的裱花嘴

1. 在裱花袋尖端1厘米处剪开一个小口，将连接头装进袋子中。从裱花袋外部将裱花嘴装在连接头上，再将连接头外环拧紧，确保裱花袋、连接头和裱花嘴连接紧密。

2. 用抹刀填装略少于1/2满的蛋白糖霜，然后拧紧袋口。

3. 采用握铅笔的姿势握住裱花袋，用大拇指施力轻轻挤出糖霜。

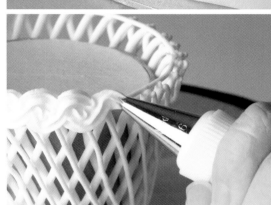

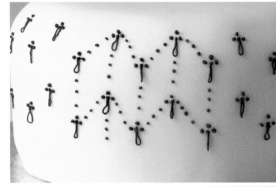

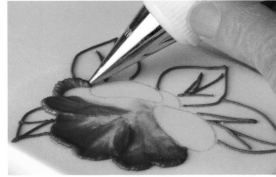

皇家糖霜（蛋白糖霜）

用蛋白糖霜裱花

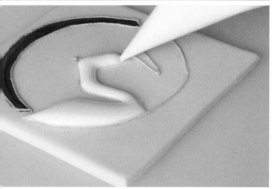

流动糖霜

　　用流动糖霜进行装饰时，首先要确认糖霜的量是否足够填满整个作品，填充的糖霜要有一定的高度才能在边缘处呈现圆润的弧线。如果糖霜用量不足，在干燥后高度会有所下降，从而影响最终的装饰效果。与此同时，也要注意不要使用过量的糖霜，否则糖霜会很容易溢到轮廓线外面去。如果你注意到糖霜的表面出现气泡，要及时用消毒的大头针将气泡刺破。为了达到理想的装饰效果，你可以将作品放在烘干器中或放在台灯下烘干，这样不仅可以加快糖霜干燥的速度，还可以增添表面的光泽度。

1. 先用0号裱花嘴和硬度适中的蛋白糖霜勾画出完整的外轮廓线。

2. 将流动糖霜装入裱花袋至半满状态，然后将袋口向下折并封好口，这样裱花时糖霜就不会从袋子上面溢出。

3. 填充窄小的空间时，可以将纸质裱花袋的尖端剪一个小口，或者使用1号、1.5号或2号的裱花嘴。填充较大面积时，就需要使用3号或4号的裱花嘴。

4. 首先用糖霜小心地将紧贴轮廓线的部分填充好，然后连续性地将剩余的部分也填充完成。当糖霜与轮廓线之间出现缝隙时，可以轻轻挤出少量糖霜，然后用潮湿的笔刷拉动糖霜将缝隙填满。

拉线

　　我们可以使用硬度适中型糖霜或是高硬度糖霜来做拉线装饰。在将糖霜装入裱花袋之前，先在工作台上用刮刀来回打磨以去除糖霜中的气泡，因为这些气泡会在拉线过程中进裂，或是在线条上生成孔洞。

　　直线：握住裱花袋，使裱花袋与装饰面形成60°斜角。在裱花嘴的尖端碰触直线的起始点时开始轻轻地挤出糖霜。一边挤一边将裱花袋轻轻提起，尽量不要让直线下垂，这样你可以更好地掌控力度，确保挤出来的线与终点垂直。快要到达终点时，减小挤裱花袋的力度，然后将裱花嘴轻触直线的终点。注意在挤压裱花袋时保持均匀的力度将有助于拉出平直的线条。

　　曲线：操作方法与直线相似，只是挤糖霜的速度要比拉直线时略慢，另外提起裱花袋的高度要比拉直线时略低一些。

挤压裱花

挤压裱花的技法常用来制作三维立体糖霜装饰。通过增加或减小对裱花袋的压力，你可以创作出多种三维立体设计，从小的点状图案到花朵、动物和涡卷边饰造型。一旦你完成基本形状就要减小挤压裱花袋的力度，并逐渐停止挤出糖霜。挤压裱花时使用的糖霜的硬度取决于裱花嘴的尺寸；裱花嘴的尺寸越小，糖霜的质地就应该越软。

刷绣

进行刷绣前要先将糖霜图案直接挤在蛋糕上或者烘焙用透明玻璃纸上。当你初步勾画出设计草图后，你要先挤出图案的轮廓线，然后在糖霜干燥之前用湿润的笔刷沿着轮廓从外向内刷。这一技法通常用于绘制复杂的花朵和叶片，因为笔刷可以清晰地勾画出花朵、叶片的脉络，从而体现更逼真的装饰效果。

花朵的裱饰技法

可食用原材料

高硬度或是超高硬度蛋白糖霜

工器具

裱花袋

裱花嘴101s和101号

花托

切成小方块的防油纸

花朵的裱饰方法

1. 将一小块防油纸放在涂抹了少量糖霜的花托上。

2. 用惯用手握住裱花袋，用另一只手握住花托。使裱花袋与装饰面形成45°斜角。将裱花嘴粗端碰触花托，一边轻轻地转动花托一边从外向内轻轻挤出糖霜花瓣。

3. 裱花结束后将纸从花托上挪开。待花瓣完全干燥后再从纸上取下来，然后用糖霜将花朵固定在需要装饰的位置。

四瓣和五瓣花朵的裱饰方法

1. 重复上面的第一个步骤。

2. 用惯用手握住裱花袋，用另一只手握住花托。裱四瓣的花朵时，在花托每旋转1/4周的同时挤出一片花瓣，裱好4瓣花瓣时花托正好旋转一周。要裱五瓣的花朵，每次挤出糖霜时花托要旋转1/5周。

3. 重复上面操作的第三步。

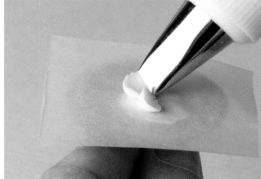

使用杏仁膏和糖膏进行蛋糕包面

所需材料

下文所标示的原料数量适用于直径15厘米的圆形海绵蛋糕或酒渍水果干蛋糕。其他尺寸的蛋糕所需要的馅料的数量可参阅第19页的内容。

可食用原材料

直径15厘米的圆形海绵蛋糕或酒渍水果干蛋糕

海绵蛋糕：

　　500克奶油糖霜（见第19页）

　　60克糖浆（可选用，见第19页）

酒渍水果干蛋糕：（见第32页）

　　杏子酱

　　少量细砂糖

　　少量水

　　少量杏仁膏（可以从覆盖蛋糕用的杏仁膏中取用）

工器具

15厘米圆形蛋糕托板

转台

防油纸

大号锯齿刀

小号尖刀

大号和小号抹刀

糕点刷

棉线或蛋糕分层器

不粘擀板

取食签

海绵蛋糕包面前的准备工作

1. 用锯齿刀将海绵蛋糕表面的凸起部分切下来，让蛋糕的表面变得平整。

大师建议：

最好用一个小的水平仪来测量蛋糕的平整度，这种方法比肉眼观察要更加精准。将一块备用的蛋糕托板放在蛋糕上，这样水平仪就不会和蛋糕直接接触了。

---

2. 将一张防油纸和15厘米的蛋糕托板放在转台上（这样便于移动蛋糕的位置）。在蛋糕托板上涂抹少量的奶油糖霜起到黏合的作用。

3. 要将海绵蛋糕切成2厘米等高的4层，可以用蛋糕分层器或者芝士切片丝线来操作。

- 在蛋糕上找好4等分的位置，从底部向上1/4的高度各插入一根取食签。

- 取一根比蛋糕周长至少长20厘米的芝士切片丝线并在取食签标示的位置紧紧地缠绕蛋糕一周。

- 将丝线两端交叉并捏紧，然后用力拉动丝线，将蛋糕水平切开。

- 按同样的方法将蛋糕在1/2和3/4的高度位置水平切开。

4. 将第一层海绵蛋糕放在转台上的蛋糕托板上。先在蛋糕上涂抹一层糖浆以提高蛋糕的润泽度，然后用抹刀将奶油糖霜和果酱涂抹在蛋糕上。将第二层蛋糕盖在上面，重复上面的步骤，直到将4层蛋糕组合在一起。

5. 在进行包面之前，先用大号的抹刀在蛋糕顶部薄薄地涂抹一层奶油糖霜，然后旋转蛋糕转台，在蛋糕的侧边也涂抹上一层薄奶油糖霜。奶油糖霜的涂层可以起到一定的密封作用，防止蛋糕屑混入杏仁膏或翻糖膏。

6. 捏紧防油纸小心地将蛋糕从转台上拿下来，然后在冰箱中冷藏至奶油糖霜定形。用大号抹刀将蛋糕涂层整理平整，然后再次冷藏。当奶油糖霜完全凝固并有一定的硬度，就可以准备进行杏仁膏或翻糖膏的包面工作了。

酒渍水果干蛋糕包面前的准备工作

1. 用锯齿刀将蛋糕顶部削成一个水平的平面，然后用小块的杏仁膏把蛋糕表面的孔洞填平。

2. 在蛋糕托板上涂抹少量的蛋白糖霜，然后将蛋糕黏合固定托板上。

3. 在杏子酱中加少量的水和细砂糖后加热煮沸，放置冷却1分钟，然后用蛋糕刷或抹刀在蛋糕上薄薄地涂抹一层果酱。

蛋糕包面

这里给出的原料用量适用于覆盖一个直径15厘米的海绵蛋糕或酒渍水果干蛋糕。不同尺寸的蛋糕的原料用量表请参考第29页。

可食用原材料

15厘米海绵蛋糕或酒渍水果干蛋糕（按前页的方法处理好）

500克杏仁膏

500克翻糖膏

细糖粉

工器具

和蛋糕形状、尺寸一致的蛋糕托板

刮板

大号擀面棒

2个糖霜厚度标示尺

一对蛋糕抹平器

小号的尖刀或比萨轮刀

滤茶器或小号滤网

不粘擀板

圆形蛋糕包面的方法

1. 首先按第30～32页的操作步骤做好蛋糕包面前的准备工作。在包翻糖皮之前先要包好一层杏仁膏（方法见下文），然后在杏仁膏的表面刷一层无色透明酒精以帮助翻糖皮更紧密地黏合在杏仁膏上。

2. 在不粘擀板上将糖膏（或杏仁膏）揉至平滑柔韧。如果糖膏太黏，可以在擀板上撒少许细糖粉。

3. 用滤茶器或小滤网在台面上轻撒一层糖粉然后将糖膏擀平。擀糖膏的时候注意按顺时针方向不断地移动位置，以免糖膏粘在台面上。注意不要将糖膏翻面，因为糖膏的反面会粘有糖粉。

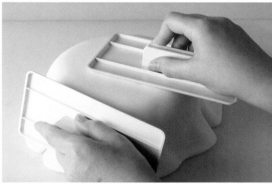

4. 将糖膏擀成厚度均匀的圆形，大小要足够覆盖住整个蛋糕。要计算所需要的糖皮大小尺寸，可以以蛋糕的高度为单位，在此基础上乘以1.5～2倍，然后再与蛋糕的直径相加。另外使用糖膏厚度标示尺可以帮助你将糖膏擀得厚薄均匀。

大师建议：

依照传统，在给酒渍水果干蛋糕包翻糖皮之前，你需要先包一层杏仁膏。

为了使蛋糕表面更为平整，你也可以给海绵蛋糕加盖两层翻糖皮。

如果蛋糕托板比蛋糕的尺寸略大一些，在用杏仁膏覆盖蛋糕时要将杏仁膏包到蛋糕托板的表面，然后将蛋糕的边缘修饰整齐。包裹糖皮时则要将蛋糕托板也完全覆盖起来。

大师建议：

杏仁膏的厚度应该在3毫米左右，糖膏的厚度应该在5毫米左右。糖膏通常要擀得稍厚一些，这是因为使用蛋糕抹平器将蛋糕打磨平整光滑的过程会使糖皮变得略薄。

使用杏仁膏和糖膏进行蛋糕包面

5. 将擀面杖放在擀好的糖皮中间，将糖皮掀起来搭在擀面杖上，然后用擀面杖将糖皮提起来，找齐蛋糕的中心位置后轻轻地将糖皮翻开平铺在蛋糕上。

6. 用手掌将蛋糕表面和侧边整理平整并去除可能产生的气泡，然后用蛋糕抹平器重复刚才的动作，从而让蛋糕表面更加平整光洁。

7. 用比萨轮刀或小号的尖刀去除蛋糕底部边缘处多余的杏仁膏或糖膏，然后再用刮板将蛋糕的底部修饰整齐。

有棱角的蛋糕包面方法

1. 覆盖方形或其他有棱角的蛋糕时，先按照上面所述的圆形蛋糕包面步骤1~5操作。

2. 将杏仁膏和/或糖膏覆盖在蛋糕上，先用手掌将蛋糕的表面和各个角都压实。用手掌将顶部和侧面抹平，然后再用蛋糕抹平器进行进一步的打磨处理。注意要先将各个角的翻糖皮整理伏贴，如果处理不好，糖膏就会在角上堆积形成皱褶。

形成90°直角效果的蛋糕包面方法

1. 将杏仁膏或糖膏在撒有糖粉的不粘擀板上擀开，糖皮的尺寸应该比要覆盖的蛋糕顶部略大。将蛋糕或烤蛋糕用的模具放在糖皮上作为模版，用尖刀将糖皮切割成与蛋糕顶部尺寸相同的大小。在蛋糕的顶部刷上奶油糖霜（海绵蛋糕）或杏子酱（水酒渍果干蛋糕）然后把糖膏黏合在蛋糕顶部，用蛋糕抹平器从中心向边缘处打磨平滑。

2. 用防油纸沿蛋糕的侧边包裹一圈，并按照这个尺寸将纸裁好。将杏仁膏或糖膏擀成厚度大约4毫米的长条形，然后按防油纸的尺寸把糖膏裁成条状。在糖皮上撒少许糖粉以防粘连，然后从一端轻轻卷起。

3. 将糖膏的一端紧贴着蛋糕的侧边轻轻展开并绕蛋糕一周。用蛋糕抹平器将表面抹平，然后将首尾重叠处多余的糖膏切除并修饰整齐。

大师建议：

将蛋糕的顶部和侧面分开包裹有助于达到棱角分明的装饰效果。

包裹尺寸较大的蛋糕时，可以裁2或3条相同尺寸的糖皮，分别把它们包裹在蛋糕侧面，然后用手指和蛋糕抹平器将接缝的部位整理好。

杏仁膏和糖膏用量指南

一般情况下，在完成蛋糕包面后将会剩下20%左右的糖膏或杏仁膏。如果需要一次覆盖两个或更多蛋糕（比如多层的婚礼蛋糕），在计算糖膏的使用量时，可以将尺寸较小的蛋糕所需的糖膏或杏仁膏用量减少约20%。

厚度7.5厘米	直径10厘米	直径15厘米	直径18厘米	直径20厘米	直径23厘米	直径25厘米	直径28厘米	直径30厘米
圆形	400克	500克	600克	800克	900克	1.2千克	1.4千克	1.7千克
方形	500克	600克	700克	900克	1.2千克	1.4千克	1.7千克	1.8千克

用糖膏覆盖蛋糕托板

示例中的糖膏用量可以覆盖一个直径25厘米的圆形蛋糕托板。下方的表格里标有其他尺寸蛋糕托板所需糖膏的用量。

可食用原材料

800克糖膏

少量的纯净水

工器具

25厘米的蛋糕托板

大号不粘擀杖

小号尖刀

糕点刷

1. 用糕点刷在蛋糕托板的表面刷一层纯净水。

2. 将糖膏擀成与蛋糕托板尺寸大小相同的糖皮，厚度约为5毫米。将糖皮搭在擀面杖上，然后平铺在蛋糕托板上。

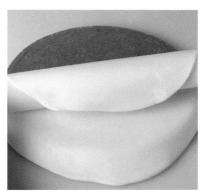

3. 再次用擀面杖将糖膏在托板上擀开，这样可以在确保糖膏和蛋糕托板充分黏合的同时去除可能产生的气泡。

4. 用一只手托起蛋糕托板，用尖刀小心地将多余的糖膏沿着边缘削掉，然后将蛋糕托板放置一旁直至完全干燥。

蛋糕托板翻糖用量指南

	20厘米	25厘米	28厘米	30厘米	33厘米	35厘米	38厘米	40厘米	46厘米	48厘米
圆形或方形	650克	820克	850克	870克	900克	930克	950克	1千克	1.2千克	1.5千克

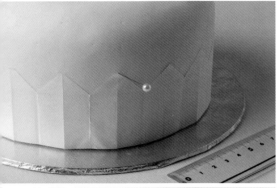

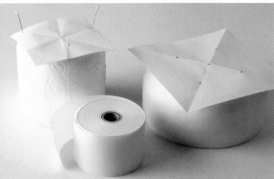

纸模的制作与使用

纸模的使用方法简单，而且适用于任何尺寸和形状的蛋糕。你可以用取食签或经消毒的大头针将纸模固定在蛋糕上做出标记。

蛋糕支撑杆纸模的制作方法

工器具

防油纸

剪刀

无毒铅笔

取食签或是经酒精消毒的大头针

尺子

> **大师建议：**
>
> 找到纸质模板的中心点是至关重要的。

1. 将防油纸裁成与蛋糕尺寸大小一样的方形。将防油纸对折两次，找到中心点，然后展开。纸上的折痕可以帮助你将蛋糕均分成四等份或四的倍数份。如果你想把蛋糕分成三等份或三的倍数份，就把纸沿着中心点折成三份（折痕之间的角度呈60°）然后把纸展开。

2. 从蛋糕的中心点测量上一层蛋糕的半径，然后以纸模的中心为起点，取蛋糕半径2/3的长度在折痕上做标记。

如果要给中心不在正中的蛋糕（例如第166～177页中的圣诞定制婚礼蛋糕）制作纸模，方法需要稍做变化。

1. 将正方形的防油纸按之前的方法折叠，并找到中心点。

2. 测量第二层蛋糕的中心和第一层蛋糕的中心偏移的距离。然后用无毒铅笔和尺子将该长度标记在防油纸中心的折痕上。

3. 在标记处将防油纸折一个90°的直角，并将其作为插入蛋糕支撑杆位置的点。

给蛋糕做标记

可食用原材料

已填充好馅料并覆盖好糖膏皮的蛋糕
（见第30~35页内容）

少量的蛋白糖霜

工器具

纸质蛋糕模板（见第36页）

经酒精消毒的大头针

取食签

防油纸

裱花嘴：0号

针形塑形工具（可选用）

在蛋糕的顶部做标记

1. 将纸质蛋糕模板放在蛋糕上，并将模板的中心与蛋糕的中心对齐。

2. 在蛋糕上找好两个点，然后各插入一个取食签或大头针将模板固定住。在要插入蛋糕支撑杆或添加装饰的地方做好标记，然后将模板和定位针从蛋糕上移开。

3. 使用0号裱花嘴和与蛋糕同色的蛋白糖霜将大头针或取食签留下的孔洞填补好。

在蛋糕的侧边做标记

1. 用防油纸在蛋糕的侧边包一圈，按尺寸把纸裁切好。

2. 将纸对折成等份，然后重新包裹在蛋糕的侧边，然后用针形塑形工具、取食签或经消毒的大头针在蛋糕上做标记。

大师建议：

　　为了不破坏成品蛋糕的外观，最好使用酒精消毒过的大头针在整个蛋糕组装后，对各个部分做出标记。相比取食签，用大头针做标记会留下更小更整洁的洞，但若你希望标记更加清晰明显，则使用取食签更好。但要记住，在最后要将所有的大头针或取食签从蛋糕上全部取下并妥善保管。

多层蛋糕的组装方法

当制作多层的婚礼蛋糕时，一定要在底层插入蛋糕支撑杆以承托上层蛋糕的重量。这一点在制作三层或三层以上的蛋糕时尤为重要。

在多层蛋糕中使用支撑杆的方法

常见的蛋糕支撑杆有两种：实心（塑料或是木质）和空心（塑料）。我通常使用实心的塑料支撑杆，因为它质地较轻，易于切开，当然空心的也同样适用。木质的支撑杆适用于支撑重量较重的蛋糕。一般情况下每个蛋糕应该使用3~4个支撑杆，你也可以根据蛋糕的重量和层数酌情添加。在确定支撑杆的位置时，要确保能起到有效的支撑作用。参考第36页的内容制作一个模板，并以此为指南。

可食用原材料

填充好馅料并覆盖好糖膏皮的蛋糕，放在相同尺寸的蛋糕卡纸上

一束翻糖花束

少量的蛋白糖霜

纯酒精或热开水

工器具

已盖好翻糖皮的蛋糕托板

大号不粘擀棒

美工刀

蛋糕支撑杆

纸质蛋糕模板（见第36页）

无毒铅笔

取食签

1. 在蛋糕托板的中间处涂抹少许蛋白糖霜，然后将最底层的蛋糕与托板黏合固定在一起。

2. 将纸质蛋糕支撑杆模板放在蛋糕上，将模板的中心和蛋糕的中心对

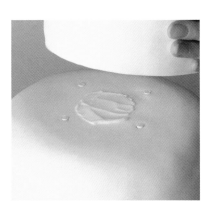

齐。将取食签插入模板中心的位置，找到其中一个支撑杆的位置插入另外一根签子，这样可以将模板固定在蛋糕上。用另一根取食签标记出其他支撑杆的插入位置，然后将取食签和模板移开。

3. 所有的蛋糕支撑杆在使用之前都必须用纯酒精或热开水消毒并晾干待用。

4. 将第一根蛋糕支撑杆垂直地插入蛋糕底部，用无毒铅笔在支撑杆与蛋糕顶部水平的位置做出标记，注意不要让铅笔接触蛋糕表面。取出支撑杆，用美工刀在标记上端1毫米的位置上将支撑杆切为两段。

5. 用切好的支撑杆为标准，将剩下的三根支撑杆切为相同的长度，然后插入蛋糕表面的标记处。

大师建议：

你需要在这个时候确认支撑杆是否处于水平的位置。你可以在蛋糕上面放一个蛋糕托板，然后使用小的水平仪来测量蛋糕的表面是否水平。

6. 在已经插好支撑杆的蛋糕表面中心涂抹少量的蛋白糖霜，然后用双手小心地将第二层蛋糕放在上面并黏合固定好位置。如果你需要叠加组装三层或是三层以上的蛋糕，重复上面的操作步骤，注意最顶层蛋糕不需要使用蛋糕支撑杆。

缎带的修饰方法

可食用原材料

少量蛋白糖霜

工器具

长度比蛋糕或蛋糕板托板的周长长2.5
厘米左右的缎带
无毒胶棒
双面胶带（可选用）

在蛋糕托板上粘贴缎带的方法

　　选用宽度为1.5厘米的缎带，长度
要比蛋糕托板的周长略长。用无毒胶
棒将缎带粘在蛋糕托板侧边上，然后
在托板的背面用无毒胶棒或双面胶带
将两端接头黏合固定在一起。注意胶
带或胶水不能和糖膏直接接触。

在蛋糕上粘贴缎带的方法

　　裁一段长度比蛋糕周长略长的缎
带，然后将缎带环绕在蛋糕的底部。
用少许蛋白糖霜将缎带的一端粘在蛋
糕上，然后将缎带的另外一端也抹上
糖霜，并将两端黏合固定在一起。

使用杏仁膏和糖膏进行蛋糕包面

定制作品

山茶花婚礼蛋糕

（一月）

可食用原材料

3个方形蛋糕：

> 底层蛋糕直径23厘米，高12厘米
> 中层蛋糕直径18厘米，高10厘米
> 顶层蛋糕直径15厘米，高10厘米或者是聚苯乙烯蛋糕假体

Squires Kitchen杏仁膏：3.05千克

Squires Kitchen翻糖膏：白色，3.05千克

Squires Kitchen速溶混合皇家糖霜粉：红色400克（购买成品或是使用仙客来色和圣诞红色调色），白色100克

Squires Kitchen专业复配食用液体色素：仙客来色和圣诞红色

Squires Kitchen设计师系列金属珠光食用色粉：浅金色

无色透明酒精

工器具

基本工具（见第6~7页）

方形蛋糕托板：直径20.5厘米、15厘米和13厘米

裱花嘴：0号、1.5号

钳子

Squires Kitchen笔刷：0号（细），10号（扁平）

蛋糕装饰图案模板（见第193页）

绳索效果的丝带：金色

蛋糕装饰

使用Tama Kanzashi发簪装饰的山茶花束（见第46~49页）。

蛋糕包面的方法

1. 将23厘米的方形蛋糕的四个角切掉：在每个角的两条边距离交点2.5厘米的地方做出标记，将这两点连接成一条线，然后沿线将蛋糕裁掉。

2. 用调制好的皇家糖霜将蛋糕黏合固定在边长20.5厘米的方形蛋糕托板上。分别用1.4千克的杏仁膏和白色翻糖膏为蛋糕包面（见第30~35页），然后将蛋糕放置隔夜晾干。

3. 在蛋糕中插入4根蛋糕支撑杆以承托上层蛋糕的重量（见第38页）。

4. 采取与步骤1同样的做法将18厘米方形蛋糕的四个角切掉，注意这次从四个角各裁去2厘米的边长。用调制好的皇家糖霜将蛋糕黏合固定在边长15厘米的方形蛋糕托板上。分别用900克的杏仁膏和白色翻糖膏为蛋糕包面，然后将蛋糕放置隔夜晾干。最后在蛋糕中插入4根蛋糕支撑杆以承托上层蛋糕的重量（见第38页）。

5. 将边长15厘米的顶层蛋糕的4个角切掉。根据宴请客人的数量，你也可以使用聚苯乙烯蛋糕假体代替真正的蛋糕坯。用皇家糖霜将蛋糕黏合固定在边长13厘米的方形蛋糕托板上。分别用750克的杏仁膏和白色翻糖膏为蛋糕包面，然后将蛋糕放置隔夜晾干。

山茶花裱花设计

大师建议：

在确定裱花的位置时，要先在脑海中构想出蛋糕的完整设计图，然后以它作为参考。

6. 将一张描图纸覆盖在山茶花图案模板的上面，然后用铅笔仔细描摹出图案。用一根经酒精消毒的大头针将描图纸固定在蛋糕上，注意将画有轮廓线的一面朝上（这样铅笔的笔迹就不会和蛋糕直接接触）。用取食签或竹签将纹样复制到蛋糕的表面，然后将模板移开。

7. 将0号裱花嘴装入裱花袋，然后填入红色皇家糖霜（或用圣诞红色加一点仙客来色调色）。按照标记裱出图案的轮廓线。在花芯处裱出多条竖直的线条，并在末端挤出圆点作为花蕊。

大师建议：

可以用蘸有少量酒精的细头笔刷去除不完美的糖霜线条。

刷绣

8. 将1.5号的裱花嘴装入裱花袋，然后填入红色皇家糖霜。沿着图案挤出山茶花花瓣的轮廓线。在糖霜干燥之前，用湿润的平头笔刷将边缘线上的糖霜刷向花朵的中心位置。

9. 将0号的裱花嘴装入裱花袋，然后填入白色皇家糖霜。在花芯处裱出多条垂直的线条，并在末端挤出圆点作为花蕊。当圆点干燥后，可以用毛刷蘸取浅金色的珠光色粉与无色透明酒精的混合色液将圆点涂为金色。

大师建议：

如果蛋白糖霜太过干燥的话就无法运用刷绣技法顺滑地刷出花朵的纹理与质感，所以用皇家糖霜挤花朵的轮廓线时要将它细分为多个区域分步进行。运用刷绣技法时要从背景画面中的花瓣开始，逐渐进行到前景，从而营造出一种立体的视觉效果。

10. 待刷绣的装饰图案彻底干燥后，将三层蛋糕叠放在一起，并用皇家糖霜将它们黏合固定好。因为蛋糕底部没有蛋糕托板，因此可以将蛋糕摆放在蛋糕架上面。

蛋糕的整体修饰与组装

11. 按照第46～49页的方法制作山茶花、日本椿叶（蔓生百部）和发簪装饰。用花艺胶带将山茶花、花蕾和叶子缠裹组合在一起，一共制作1个大型和2个小型的花束。在顶层蛋糕靠后的位置上插入3个花托，然后用20号的花艺铁丝制作3个U形的别针。

12. 将3个花束排列好，较大的花束在顶部，较小的花束分列在两侧。用U形别针将花茎固定在一起，然后将花束插入花托中。最后将装饰用的叶子添加固定在花托里面。

大师建议：

　　当你将蛋糕组合在一起之后，仔细观察一下整体的装饰效果，如果有必要可以在蛋糕侧面额外增加一些山茶花装饰图案，从而使整个作品看上去更为平衡和饱满。

13. 将金色的缎带折叠数次形成环形，然后用弯好的铁丝定形。将铁丝剪短只在末端留下3厘米的长度。将缎带和发簪装饰组合在一起直到达到理想的装饰效果（见第49页），然后将它们固定在花托中。

山茶花花束

可食用原材料

Squires Kitchen糖花膏：奶油色、冬青绿、浅绿色、浅黄色、圣诞红和白色

Squires Kitchen速溶混合皇家糖霜粉：使用黄水仙将白色糖霜调染为黄色

Squires Kitchen翻糖膏：红色，少量

Squires Kitchen专业复配食用液体色素：黄水仙

Squires Kitchen专业复配着色液体色粉：仙客来（酒红色）、冬青/常春藤色、圣诞红、葡萄藤和墨黑色

Squires Kitchen设计师系列珠光色粉：白缎

Squires Kitchen设计师系列金属珠光食用色粉：经典金

Squires Kitchen设计师系列花蕊食用色粉：浅黄色

Squires Kitchen可食用胶水

Squires Kitchen糖果光泽剂

无色透明酒精

工器具

基本工具（见第8页）

花艺铁丝：绿色，20、24、26、30和32号；白色，20和30号

花艺胶带：绿色（全宽和1/2宽幅）

裱花嘴：0号

聚苯乙烯玫瑰花芯：直径2厘米

聚苯乙烯圆球：直径2厘米

Squires Kitchen多用花瓣切模套装1和套装2

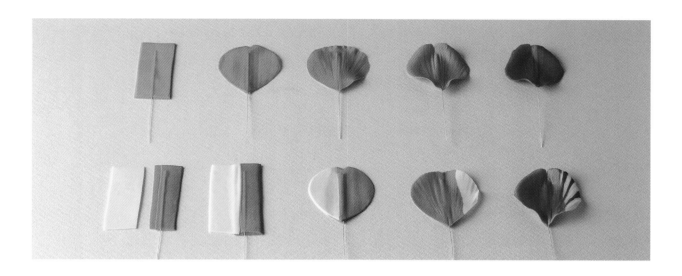

花芯的制作方法

1. 将白色的糖花膏揉成一个尺寸大约为1厘米×1.5厘米的水滴形。将24号绿色花艺铁丝的顶部弯成一个钩子的形状，蘸取少许可食用胶水后插入到水滴形糖膏的底部，然后将它放置一旁晾干。

2. 将少量奶油色的糖花膏擀成两个2.5厘米×4厘米的长方形。将两个长方形平行摆放在一起，用软毛刷在上面涂抹一层白色珠光色粉。用小滚轮切刀在糖膏的一侧切出窄而整齐、深度大约为2/3的切口。切好之后，将糖膏向内折叠。用可食用胶水将第一个长方形黏合在水滴形的白色糖花膏上，注意先将底部整理伏贴之后再将整个水滴形糖膏包裹起来。

3. 重复步骤2的做法，将第二个长方形的奶油色糖花膏黏合在花芯的外围，注意位置要比第一层糖膏略高。用手指将花芯的底部轻轻抹平。在花蕊干燥之前，用黄水仙复合液体色素将皇家糖霜调染成明黄色。用0号裱花嘴在糖膏的顶端挤出数个圆点，然后在上面涂抹少许浅黄色的花蕊色粉。

花瓣的制作方法

采用相同的方法制作红色和红白相间的花瓣。

4. 将圣诞红色的糖花膏擀开，然后将涂有可食用胶水的30号的白色花艺铁丝插入到糖膏中。将铁丝两侧的糖膏擀薄后，用多用花瓣切模套装1中的4号切模切出玫瑰花瓣的形状。用3号花瓣切模的尖的一端在花瓣顶部切出一个小的V字形，然后用竹签或是纹路模在花瓣上添加脉络。将圣诞红和少许仙客来色粉混合在一起后用软毛刷给花瓣上色，用手指轻轻将V字形切口围拢在一起，使花瓣的形状更加自然与生动。重复上述步骤共做出7片花瓣。

5. 在花瓣彻底干燥之前，用花艺胶带将花瓣固定在花芯周围。先将3片花瓣添加在花芯的外围作为内侧的花瓣，然后再添加外层的4片花瓣。

花萼

6. 将浅绿色的糖花膏揉成一个小的圆球形，在一端涂抹少许可食用胶水后插入带铁丝的山茶花。另取少量的浅绿色糖花膏，将它擀薄后用多用花瓣切模套装1中的3号花瓣切模切出6片花萼的形状，并用纹路模为花萼添加脉络。将花萼放在泡沫垫上，先用尖头塑形工具在花萼的边缘处来回滚动以柔化切痕，然后再用球形塑形工具在中心以打圈的方式使花萼形成半球形（见第186

页）。用可食用胶水将3片花萼黏合在绿色球形糖膏的周围，然后将另外3片花萼黏合固定在前面3片花萼之间的位置。在花萼上涂抹少许浅黄色和葡萄藤色的混合色粉，最后在边缘处轻扫少许圣诞红色色粉。

叶片的制作方法

7. 将冬青色的糖花膏擀薄，在中线处留出一个隆起，然后将蘸有少许可食用胶水的26号绿色花艺铁丝插入到糖膏的隆起处。将铁丝周围的糖膏再次擀薄，然后用尖端朝上的玫瑰花瓣切模切出叶片的形状。使用尖头造型棒将叶片擀得略大一些，然后用纹路模压出叶片的脉络，最后用尖头塑形工具柔化边缘处的切痕。用手指将叶片的底部捏合在一起，使它看上去更为自然。用冬青色的色粉为叶片上色，然后刷上一层糖果光泽剂为叶片增添自然的光泽（见第187页）。采取相同的方法再制作数片叶片。

花蕾的制作方法

8. 使用直径2厘米的聚苯乙烯玫瑰花芯或是用糖花膏制作一个相同尺寸的玫瑰花芯。将顶部带钩的24号花

艺铁丝蘸取少许可食用胶水后插入到玫瑰花芯的底部，然后放置一旁晾干（如何将花艺铁丝固定在聚苯乙烯花芯上的方法详见第185页）。

9. 将圣诞红色的糖花膏擀薄，用多用花瓣切模套装1中的3号切模切出三片花瓣的形状。用竹签在花瓣上擀压出纹路，然后用骨形塑形工具柔化边缘处的切痕。用可食用胶水将花瓣紧密地黏合固定在花芯上，注意要用花瓣把花芯完全包裹起来，不留缝隙。

10. 另取少量圣诞红色的糖花膏，擀薄后用多用花瓣切模套装1中的4号切模切出4片花瓣。用3号玫瑰切模尖的一端在每片花瓣的顶部切出一个V字形的缺口，然后采取步骤9的方法为花瓣添加纹路，并柔化花瓣的边缘。将每片花瓣的底部捏出褶皱，以防它们伸展开。将多余的糖膏裁掉后，将这4片花瓣添加在第一层花瓣的外围，并用可食用胶水将它们黏合固定在一起。

11. 将少量的浅黄色和浅绿色的糖花膏揉和均匀后擀薄，用多用花瓣切模套装1中的3号切模切出4片花萼的形状，然后用4号的玫瑰切模再切

出3片花萼的形状。用纹路模为花萼添加脉络的纹路。将花萼放在泡沫垫上，先用骨形塑形工具在花萼的边缘处来回滚动以柔化切痕，再用球形塑形工具在中心处以打圈的方式使花萼形成半球形。采用同样的方法将7片花萼分别处理好。

12. 用可食用胶水将4片花萼黏合在花蕾的底部，然后将另外3片花萼黏合固定在前面4片花萼之间的位置。在花萼上涂抹少许葡萄藤色的色粉，最后在花萼的边缘处轻扫少许圣诞红色色粉。

日本椿叶（蔓生百部）

13. 将浅绿色的糖花膏擀薄，在中线处留出一个隆起以便插入花艺铁丝。分别用倒置的大号、中号或小号玫瑰花瓣切模切出数个叶片的形状。用小滚轮切刀将叶片修剪成略为细长的形状。将蘸有少许可食用胶水的30号绿色花艺铁丝插入到叶片的隆起处，然后用尖头塑形工具在叶片上划出叶脉的纹路，并柔化边缘处的切痕。最后在叶片上涂抹少许葡萄藤色粉为其上色。

14. 用绿色的花艺胶带将铁丝缠裹起来，然后将叶片底部的铁丝弯成90°的直角。重复上述步骤共制作3～5片不同尺寸的叶片。

15. 将3～5片叶片按照从小到大的顺序排列好，然后用花艺胶带交替性地将它们捆绑固定在24号的花艺铁丝上。将一根32号的绿色花艺铁丝缠绕在笔刷的手柄上弯曲定形，然后将它与叶茎缠绕固定在一起。

发簪装饰的制作方法

16. 将等量的红色翻糖膏和圣诞红色糖花膏混合均匀后揉成一个小的橄榄球的形状。将一根涂有少许可

食用胶水的20号白色花艺铁丝插入到橄榄球形的糖膏里面，并从顶部穿出。将穿有铁丝的糖膏放在不粘擀板上，用手掌将它搓成大约10厘米的长度，注意在糖膏两端各留出大约4厘米长的铁丝。将多余的铁丝修剪掉并将它放置一旁晾干。

17. 使用一根竹签在直径2厘米的聚苯乙烯球中间打一个孔。用红色的翻糖膏将圆球包裹起来，将竹签穿透糖膏插入到孔洞中。再次将竹签取出，并将圆球放置一旁晾干。

18. 将步骤16中的花艺铁丝插入到圆球体的孔洞中，在外露的铁丝上

涂抹少量可食用胶水，然后用一小块红色糖膏将铁丝包裹起来，用手指将接缝处整理平滑，然后放置一旁晾干。

19. 在发簪上涂抹一层糖膏光泽剂，然后将它放置一旁晾干。分别在金色和黑色的色粉中滴入几滴无色透明酒精并混合均匀，用细头笔刷蘸取混合颜料在发簪上描绘出小花朵和叶片的装饰图案。

山茶花曲奇饼干

可食用原材料

曲奇面团（见第16页）

Squires Kitchen翻糖膏：白色，300克

Squires Kitchen速溶混合皇家糖霜粉：红色，或是使用圣诞红和微量仙客来（酒红色）将白色糖霜调染为红色

Squires Kitchen专业复配食用液体色素：圣诞红和仙客来（酒红色）

工器具

基本工具（见第6~7页）

食品保鲜袋：25厘米×35厘米

烘焙用纸

描图纸

烤盘

裱花嘴：0号

模板（见第194页）

1. 将饼干面团放入大约25厘米×35厘米的食品保鲜袋中，用擀面杖将面团擀开后放在冰箱中冷藏1小时，或是直到面团冷却定形。

2. 待面团冷却定形后，将它从冰箱中取出。将食品袋两侧剪开，将面团取出后放在铺有烘焙用纸的不粘擀板上。注意用食品袋将面团的表面覆盖住，待用。

3. 在描图纸上描摹复制模板的纹样，然后将描图纸放在食品袋上，用压纹塑形工具在面团上划出印记。再次将面团放回冰箱中冷藏定形，然后将面团取出，沿着之前描出的印记切割成数块饼干的形状。

4. 将饼干分开摆放在烤盘上，然后放入提前预热到170℃的烤箱中烘烤大约20分钟。

5. 将白色翻糖膏擀为2毫米的厚度，将纸质模板放在糖膏的上面，按照图案的轮廓将糖膏切开，但要注意将每片糖膏都切得比模板略大一些。将切好的糖膏放置隔夜晾干。

6. 将翻糖膏切割成与饼干完全相同的尺寸。将描图纸摆放在糖膏的上面，然后用竹签在糖膏表面描出图案的轮廓线。

7. 将0号裱花嘴装入裱花袋，然后填入红色的皇家糖霜。沿着花朵和叶片的轮廓线裱出图案。采用第44页刷绣的技法装饰其中的一朵红色的山茶花。最后用皇家糖霜将饼干黏合在一起。

情人节婚礼蛋糕

（二月）

可食用原材料

3个圆形蛋糕：

　　底层蛋糕：直径25.5厘米，高8厘米

　　中层蛋糕：直径23厘米，高8厘米

　　顶层蛋糕：直径18厘米，高6厘米

Squires Kitchen杏仁膏：2.7千克

Squires Kitchen翻糖膏：黑色2.7千克；白色900克

Squires Kitchen速溶混合皇家糖霜粉：白色100克；黑色150克或是使用墨黑色液体色素进行调色

Squires Kitchen塑形糖膏：

　　白色300克：将150克白色糖花膏和150克白色翻糖膏揉和均匀；

　　红色60克：将30克圣诞红色糖花膏和30克红色翻糖膏揉和均匀

Squires Kitchen专业复配食用液体色素：墨黑和玫瑰

Squires Kitchen设计师系列珠光色粉：白缎和红宝石

Squires Kitchen可食用胶水

工器具

基本工具（见第6~7页）

圆形蛋糕托板：直径18厘米、23厘米和25.5厘米

圆形蛋糕托板（厚）：直径35.5厘米

缎带：

　　红色2.5厘米宽，2.3米长

　　黑色1.5厘米宽，1.97米长

条形防油纸：3厘米宽，1.5米长；4.5厘米宽，75厘米长

珠串造型模：直径3毫米

加勒特褶边切模：直径2.5厘米

圆弧形花朵定形模具：直径5.3厘米，高2.2厘米，长27.7厘米

心形叶片切模（Tinkertech品牌）：20毫米至45毫米4件套装

裱花嘴：0号

模板（见第194页）

装饰

新娘造型（见第58~61页）

蛋糕托板的装饰方法

1. 用900克的黑色翻糖膏覆盖蛋糕托板，然后将它放置在一旁晾干（见第35页）。用无毒胶棒或双面胶带将黑色的缎带固定在蛋糕托板的侧面（见第39页）。

2. 将直径25.5厘米的蛋糕托板摆放在覆盖好糖膏的蛋糕托板中心的位置，用针形塑形工具沿着圆周做好标记，然后取下蛋糕托板。

珍珠心形装饰的制作方法

3. 将心形模板放在约25厘米×6厘米的描摹纸张上，并复制出心形图案。将描摹纸放在圆弧形花朵定形模具的上方，然后将一张防油纸覆盖在心形图案的上面，并用少量的皇家糖霜将它们固定在一起。

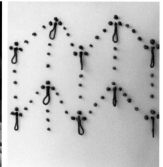

浪漫婚礼蛋糕

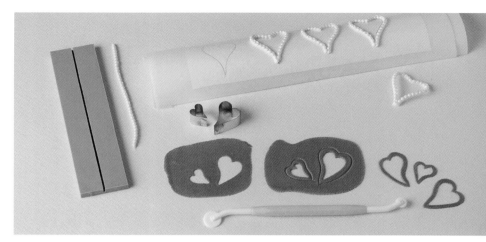

4. 在珠串造型模中涂抹少许白色的珠光色粉，然后用白色的塑形糖膏制作一根约12厘米长的珠串。将细长条形的糖膏填入珠串造型模后进行挤压，然后去除多余的糖膏。将珠串从模具中取出并再次进行修饰，然后将珠串切成两段6厘米长的珠串。

5. 沿着心形图案的外轮廓线将少许可食用胶水涂抹在防油纸上。将两段6厘米长珠串黏合在防油纸上做出一颗珠串心形装饰，然后用可食用胶水将接缝处连接在一起。

6. 重复步骤4和5，共制作24个珍珠心形装饰。待彻底干燥后，用抹刀将它们小心地从纸上取下来。

大师建议：

珍珠心形装饰非常易碎，因此建议另外制作一些备用，以防出现意外的破损。

底层蛋糕的装饰方法

7. 将蛋糕固定在直径25.5厘米的蛋糕托板上，然后分别用1.2千克的杏仁膏和黑色翻糖膏为蛋糕包面。将蛋糕放置一天晾干，然后在蛋糕中插入蛋糕支撑杆（见第38页）。

8. 将3厘米宽1.5米长的条形烘焙纸剪成与蛋糕周长相同的长度。将纸对折成8个等份，并折出折痕。将带折痕的条形烘焙纸裹在蛋糕底部，用针形塑形工具或是经酒精消毒的大头针在每个折痕的上方做好标记。取下烘焙纸，然后将一根红色的缎带固定在蛋糕底部。

9. 将红色的塑形糖膏擀薄，然后用心形切模套装中的3号切模切出8个心形叶片的形状。丢弃切出来的心形叶片，然后用小滚轮切刀在镂空的心形叶片外围5毫米间距处切出另外的一个心形的形状。在镂空的心形叶片上涂抹一层红宝石色的珠光色粉。将切模翻面，按照上面的步骤切出一个对称的心形叶片的形状。采用同样的方法一共制作8对心形叶片。

大师建议：

在塑形糖膏中加入少许玫瑰色色膏将它调染成与红色缎带相似的颜色。

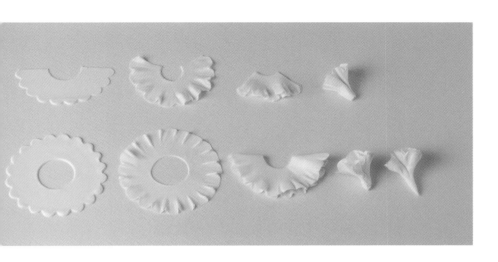

10. 用可食用胶水将每一对镂空的心形黏合在蛋糕的侧面，注意两个心形的尖端在步骤7中的标记处彼此相交，如图所示。

11. 制作褶皱装饰时，先将白色的塑形糖膏擀薄，然后用加勒特褶边切模切出形状。用干燥的软笔刷在正反两面涂抹一层白色的珠光色粉，然后用竹签在边缘处轻轻地前后擀压形成褶皱。将糖膏对折并将底部捏合在一起，如图所示。用手指按住糖膏的底部并轻轻地揉搓，使其略微向外延伸。

大师建议：

要在糖膏干燥前制作出足够的褶皱装饰备用。

12. 以先前在蛋糕托板上做出的圆形标记为参考（见步骤2），用可食用胶水将褶皱装饰固定在圆周标记线上。注意褶皱装饰的底部应该位于圆周标记的内部，褶边装饰则位于标记线的外侧，这样当底层蛋糕的位置固定之后才能体现

最佳的装饰效果。在褶皱装饰彻底干燥之前，用皇家糖霜将底层蛋糕固定在托板正中心的位置。

13. 用加勒特褶边切模在白色塑形糖膏上切出更多的形状。将褶边圆环对半切开，如图所示，然后按照步骤10的方法制作出褶皱装饰。如果有必要，可以将这些褶皱装饰添加到底层蛋糕周边的空隙处。

大师建议：

用皱褶装饰蛋糕底边时要注意它们的摆放位置，确保当底层蛋糕的位置固定之后可以清楚地看到这些装饰。当蛋糕被黏合固定在托板中心处的皱褶装饰上面时，这些装饰性糖膏可能已经干燥，因此需确保制作出足够数量的褶皱以备填补空隙。另外在制作过程中要始终关注蛋糕的整体装饰效果。

14. 最后用挤成圆点状的皇家糖霜将珍珠心形装饰固定在每一对红色的镂空心形的上面。

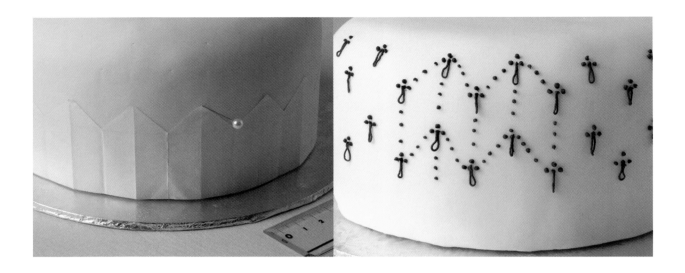

中层蛋糕的装饰方法

15. 将直径23厘米的蛋糕固定在相同尺寸的蛋糕托板上。分别用900克杏仁膏和白色翻糖膏为蛋糕包面（见第30~34页），然后将它放置一天晾干。

16. 将一个直径18厘米的蛋糕托板摆放在蛋糕顶部中心的位置，并用针形塑形工具沿着圆周做好标记。取下蛋糕托板，然后在蛋糕中插入4根支撑杆（见第38页）。

17. 将4.5厘米×75厘米的条形烘焙纸剪成与蛋糕周长相同的长度，然后将纸对折成24个等份。先将烘焙纸对折三次，然后再折成三份，这样每一等份都成为一个4.5厘米×3厘米的长方形。先用尺子和铅笔在长方形短边一侧顶端的中心点上做出一个标记，然后从标记处向下测量出1.5厘米的距离，再次用铅笔在该点上做出标记。将第二个标记点与长方形的两个顶角连接起来绘出两条对角线，然后沿着对角线将烘焙纸剪开。把整条烘焙

纸打开时，它应该看起来像一个栅栏的形状。将烘焙纸裹在蛋糕底部，用针形塑形工具或是经酒精消毒的大头针依照剪边在蛋糕上做出Z字形的标记。将模板向上移动3厘米，然后划出另外一组标记线。

18. 将0号裱花嘴装入裱花袋，并在袋中填入黑色的皇家糖霜。在上一个步骤中标示的Z字形的中心点上裱出一个细长的水滴形。分别在水滴形的右侧、左侧和上方各裱出一个圆点，然后再裱出3个圆点将水滴形的图案彼此连接起来，如图所示。

19. 将一根红色的缎带黏合固定在蛋糕底部，然后将一根黑色缎带叠加在红色缎带的上面。将蛋糕摆放在底层蛋糕中心的位置，并用皇家糖霜加以固定。

顶层蛋糕的装饰方法

20. 将蛋糕固定在直径18厘米的蛋糕托板上。分别用600克杏仁膏和黑色

翻糖膏为蛋糕包面（见第30~34页），然后将它放置一天晾干。

21. 采用步骤8的方法，在蛋糕侧面做出标记。然后采用步骤9的方法用最小号的切模制作出红色的镂空心形装饰，并将它们黏合在蛋糕上。

22. 按照步骤11的方法制作出褶皱装饰，然后将它们固定在蛋糕上的标记处。将蛋糕摆放在中层蛋糕正中心的位置。用褶皱填补底边装饰的空隙，最后将垂直的珠串心形装饰固定在大的红色镂空心形的上面。

23. 在一个花托中填入黑色的翻糖膏，然后将花托插入到蛋糕顶部正中心的位置。将新娘脚下的花艺铁丝修剪成和花托深度相似的长度，然后将铁丝插入花托中。用糖膏将新娘造型脚下的缝隙填满。最后用少量包裹在保鲜膜中的糖膏支撑住新娘造型，直到完全干燥定形。

情人节婚礼蛋糕

新娘雕塑

可食用原材料

Squires Kitchen塑形糖膏：
　　白色120克，或者将60克白色糖花膏和60克白色翻糖膏揉和均匀

Squires Kitchen速溶混合皇家糖霜粉：白色30克

Squires Kitchen专业复配食用着色膏：板栗棕

Squires Kitchen专业复配食用着色粉：浅粉色和浅蓝色

Squires Kitchen设计师系列食用珠光色粉：白缎

Squires Kitchen可食用胶水

固体植物白油

无色透明酒精

工器具

基本工具（见第6～8页）

花艺铁丝：白色20号、28号和33号

裱花嘴：0号

尖头造型棒：直径6毫米，长155毫米

圆形切模：直径2厘米、3厘米和10.5厘米

成人头部模型（Holly Product品牌）：小号，2.5厘米×2厘米

圆形或方形的聚苯乙烯块：直径或边长15厘米，至少10厘米高（例如蛋糕模型）

特别提示：

　　在通常情况下，糖艺造型中不适合使用不可食用的花艺铁丝，以防出现哽塞、窒息的危险。这款造型属于一个特例，因为该处的铁丝主要用于将新娘造型定位在一个特定的姿势。支撑新娘造型的铁丝必须要插在花托中，并且在蛋糕食用之前要从蛋糕上取走，并且要告知客人新娘造型不可食用。特别需要注意的是，在任何情况下都不能将铁丝直接插入到食用蛋糕或是人偶造型中：你可以用干意大利面条或取食签替代铁丝作为内部的支撑，因为它们适合与食品直接接触（同样，务必要通知客人蛋糕内部含有不可食用的支撑物）。

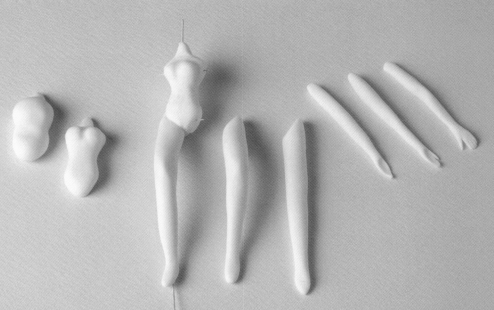

躯干的塑造方法

1. 将10克的白色塑形糖膏塑造成约4厘米长，肩部宽度约2厘米的躯干的造型，如图所示。在躯干的上半部的顶端捏出长约1厘米的脖子的形状；然后在躯干的底部做出一个V字形作为胯部。在躯干上部做出胸部的形状，然后在需要连接手臂的肩部位置印出凹痕。

2. 将一根蘸有可食用胶水的长约25.5厘米的20号花艺铁丝插入颈部，在顶部留出大约2厘米的长度，然后将其余的铁丝穿过躯干，并从胯部的右侧穿出。将两小段28号花艺铁丝分别从肩部和胯部横穿过去，并在两端各留出5毫米长的铁丝。

大师建议：

在将花艺铁丝插入糖膏之前要在上面涂抹少许可食用胶水，这样才能够牢固地定位。最后要使用可食用胶水将新娘造型的各个部位黏合固定在一起（见第23页）。

腿部的塑造方法

3. 将12克的白色塑形糖膏揉成12厘米长的香肠的形状，然后将一端揉成圆锥形。重复上述做法做出第二条腿部的形状。在圆锥形的一端塑造出足尖和脚跟，并在脚的中部靠上的位置上做出脚踝。将每条腿的根部切出斜角，做成更贴合胯部曲线的形状。

4. 在将右腿连接到躯干右侧时，先将穿透胯部的铁丝向前略微弯曲，然后将铁丝穿过大腿根部并沿着腿部一直向下，然后从脚踝下方穿出来。将膝盖部位的铁丝略微弯折，让身体呈现出前倾的姿态。最后用可食用胶水将左腿黏合在左胯的位置。

5. 将躯干和腿部放平，直到完全干燥定形。调整铁丝的弧度，使躯体保持平衡，然后将它插入聚苯乙烯模块中晾干。

手臂的塑造方法

6. 将4克的白色塑形糖膏揉成一端为锥形的长约7厘米的香肠形。在锥形的一端按压出手掌的形状。将手腕处揉得略细，并做出手肘的形状。手背朝上，用剪刀剪出拇指的形状，然后在手部另外切出3个切口做出另外四根手指的形状。按照上述的方法制作出另外的一条手臂。

7. 当手臂彻底干燥后，用可食用胶水将它们黏合在肩部。用纸巾作为支撑，直到两条手臂与身体固定在一起。

头部的塑造方法

8. 制作耳环时，先将白色的塑形糖膏揉成5个小圆球，然后将它们分别穿入到33号的花艺铁丝上。重复上述做法做出一个相同的耳环。在耳环上涂抹少许白色的珠光色粉，然后将它们彻底晾干。

9. 制作头饰时，先在尖头造型棒上涂抹少许固体植物白油，然后将0号裱花嘴装入裱花袋，并在袋中填入白色皇家糖霜。在造型棒上裱出两排圆珠，然后在两排珠子之间裱出一条细线，并在中心的位置裱出一个小的心形。待糖霜干燥后在上面涂抹一层白色

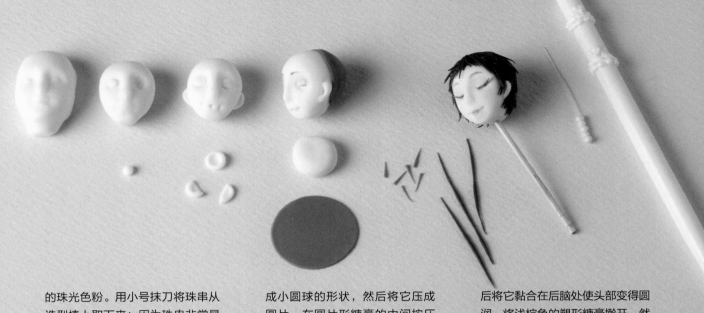

的珠光色粉。用小号抹刀将珠串从造型棒上取下来：因为珠串非常易碎，因此建议多制作几个备用。

10. 制作面部时，先用小刷子蘸取少许固体植物白油并将它涂抹在模具里面以起到防粘的作用。将10克白色塑形糖膏揉成一个圆球形。将糖膏填入模具并按压紧实，这样制作出来的面部细节就更加逼真。将糖膏小心地从模具中取出，如果有必要的话可以再略加修饰，面部尺寸应该在2.5厘米×2厘米。

11. 用小号球形塑形工具在面部按压出两个眼窝。将白色的塑形糖膏揉成两个小圆球，将它们压成圆片后填入眼窝中。用尖头塑形工具做出眼睑的形状。在面部的中间扎一个小洞，然后用取食签将两侧的糖膏挑起来，形成新娘的嘴的形状。

12. 制作耳朵时，将白色的塑形糖膏揉成小圆球的形状，然后将它压成圆片。在圆片形糖膏的中间按压出一个凹痕，将它对半切成两个耳朵的形状。在头部两侧位于眼睑下方的位置切两个小的切口，然后将两只耳朵黏合固定在上面。

13. 为了让新娘的面部看起来像化过妆，将少许淡粉色的色粉涂抹在脸颊和嘴唇的位置，然后将少许浅蓝色的色粉涂抹在眼睑的位置。在板栗棕色膏中加入几滴无色透明酒精后混合均匀，用细头笔刷将色液涂在新娘的眉毛的部位。

14. 制作睫毛时，用板栗棕色色膏将少量的白色塑形糖膏调染成浅棕色。用手指将糖膏揉搓成长约5毫米的细长的香肠形。用针形塑形工具或是经酒精消毒的大头针将睫毛挑起，然后将它们黏合在眼睑上。

15. 将少量的白色塑形糖膏擀开，然后将它黏合在后脑处使头部变得圆润。将浅棕色的塑形糖膏擀开，然后用圆形切模切出一个直径为3厘米的圆片。用可食用胶水将棕色的糖膏圆片黏合在后脑处。在脖子位置插入一根取食签，然后将新娘的头部插入到聚苯乙烯中模型中晾干。

16. 制作头发时，用手指将棕色塑形糖膏搓成2~5毫米的细长的香肠形。首先将头发稀疏地粘满整个头部，然后在需要的地方添加更多的发缕。当头发的装饰大致完成时，将耳环黏合在耳朵的下方，然后将头饰也固定到位。最后在耳环和头饰的周围添加更多的发丝。

婚纱礼服的制作方法

17. 将30克的白色塑形糖膏擀薄，然后切出一个6厘米×3厘米的长方形。用可食用胶水将长方形的糖膏黏合在新娘的胸部。

大师建议：

制作婚纱礼服的时候，在裙子的每个部分都涂抹上白色的珠光色粉，从而为新娘造型添加亮色。另外要将每片裁切好的糖膏的边缘向后折叠，让礼服的整体效果更为完美。

18. 用直径10厘米的圆形切模在塑形糖膏上切出一个圆片，然后将它轻轻地折叠成4等份。将直径2厘米的圆形切模摆放在折叠好的糖膏的上方，注意圆心要与糖膏的尖端相重合，然后用切模将糖膏的顶部切掉。将糖膏展开，并切割成8个等份。

19. 用不粘擀棒将裙片擀到7厘米左右的长度，然后用大号的球形塑形工具在边缘处擀压出波浪纹。将两个裙片黏合到身体的前部，确保裙子不会遮挡住新娘的腿部，如图所示。用可食用胶水将另外的六个裙片等距地黏合在身体周围。用白色塑形糖膏制作一条5厘米×1.5厘米的腰带，然后将它环绕在新娘的腰部并固定好位置。

肩带和飘带的制作方法

20. 将20克的白色塑形糖膏擀薄，并切成一个2.5厘米×1.5厘米的长方形，然后沿着长方形的长边做出褶皱。按照上述做法制作出另外一个带皱褶装饰的长方形糖膏，并将它们分别黏合在肩膀的位置上作为连衣裙的肩带，然后将多余的部分修剪干净。

21. 在塑形糖膏上另外切出一条14厘米×2.5厘米的长条形。在长条形糖膏的两端各切出一个斜角，然后将它从中间对半切开。轻轻地扭转糖膏，使它们呈现波浪的形状。

22. 采用相同的方法，另外切出三个6厘米×2.5厘米的长方形。将每个长方形首尾相连，做成三个环形。当糖膏处于半干状态时，用可食用胶水将两条波浪形飘带黏合在连衣裙的背后，然后将三个环形糖膏黏合固定在波浪形状的上面做成飘带上的蝴蝶结。用纸巾作为支撑，直到飘带彻底定形。

23. 最后将头部的取食签取出，然后将头部固定在颈部的花艺铁丝上。

雅致初春婚礼蛋糕

（三月）

可食用原材料

2个圆形蛋糕

    底层蛋糕：直径25.5厘米，高10厘米

    顶层蛋糕：直径15厘米，高7.5厘米

Squires Kitchen杏仁膏：1.4千克

Squires Kitchen翻糖膏：白色，2.65千克

Squires Kitchen塑形膏：黄色，600克。或者将300克黄色糖花膏与300克白色翻糖膏揉和均匀

Squires Kitchen糖花膏：奶油色，浅绿色和白色

Squires Kitchen皇家速溶混合糖霜粉：白色，少量

Squires Kitchen专业复配食用着色膏：黄水仙

Squires Kitchen设计师系列食用珠光色粉：白缎

Squires Kitchen可食用胶水

Squires Kitchen糖果光泽剂

工器具

基本工具（见第6～7页）

蛋糕托板（厚）：直径43厘米

蛋糕托板：直径12.5厘米和23厘米

蛋糕卡片：直径18厘米

蛋糕支撑杆

聚苯乙烯蛋糕模型：直径12厘米，高10厘米

白色缎带：1.5厘米宽，1.4米长

黄色缎带：1.3厘米宽，50厘米长

黄色缎带：2.4厘米宽，1.8米长

圆形切模：直径3厘米和5厘米

5片花瓣切模套装：中号

铝箔纸

尖头镊子

蛋糕装饰

15朵波斯毛茛、9朵水仙花、6朵栀子花、6颗栀子花蕾（见第68～71页）。12个迷你蛋糕（见第74～75页）

蛋糕托板的装饰方法

1. 参照第35页的方法用950克白色翻糖膏覆盖蛋糕托板，然后放置数天直至干燥。

底层蛋糕的装饰方法

2. 用尖刀将直径25.5厘米的蛋糕表面削平，然后将18厘米的蛋糕卡片摆在蛋糕正中心的位置。在蛋糕侧边距离顶部3厘米的高度做好标记，在每隔5厘米间距的位置插入一根取食签。用尖刀将蛋糕卡片和取食签之间的蛋糕削掉，从而使蛋糕的顶部形成半球形。去除蛋糕卡片和取食签。将半球形的蛋糕摆放在23厘米的蛋糕托板正中心的位置，在距离蛋糕底部1.5厘米的位置做出标记，然后按照标记将蛋糕的底部切掉。

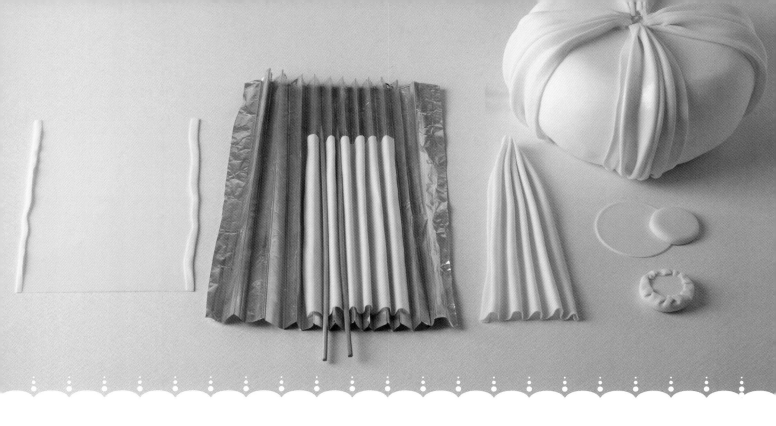

3. 分别用900克的杏仁膏和白色翻糖膏
   为蛋糕包面（见第30~34页）。用
   塑形工具在蛋糕顶部距离圆心6.5厘
   米的位置做出4个标记（如何在蛋糕
   上做标记的方法详见第37页）。参
   照标记，将一个12厘米的蛋糕托板
   摆放在蛋糕正中心的位置，然后用
   取食签沿着蛋糕托板的边线在蛋糕
   表面划出一圈印记。以圆形印记为
   参考，在蛋糕中插入3或5根蛋糕支
   撑杆（见第38页）。

4. 将铝箔纸剪为22厘米×25厘米的长
   方形。将短边向内折出数个1.5厘米
   宽的褶皱。

5. 将黄色塑形糖膏擀薄，然后切一个
   12厘米×18厘米的长方形。如果你使
   用压面机来代替手工操作，要将指
   针从1拨到5，然后切出适合的尺寸
   （参考第90页英国玫瑰婚礼蛋糕的相
   关内容）。将长边的边缘内折，然后
   在糖膏正面涂抹一层白色珠光色粉。

6. 在铝箔纸上撒少许细糖粉。将长方
   形的塑形糖膏放在铝箔纸上，注意
   涂有色粉的一面朝上，糖膏18厘米
   长的一边与铝箔纸22厘米长的一
   边保持平行。双手各持一根竹签，
   用竹签将糖膏按压进铝箔纸的褶皱
   处，从而在整片糖膏上制作出褶皱
   的效果。将糖膏从铝箔纸上滑落下
   来，用双手分别托住糖膏的顶部和
   底部，然后进一步调整褶皱的造
   型。采用同样的方法制作数个具有
   褶皱效果的糖膏片。

7. 分别在蛋糕底部和顶部圆环形的标
   记处涂抹少许可食用胶水，然后将
   制作出褶皱效果的糖膏片黏合固定
   在蛋糕的4个侧面上，从而形成一
   个十字的形状。重复同样的操作步
   骤，直到用具有褶皱效果的糖膏将
   整个蛋糕都包裹起来。

大师建议：

在对称的位置黏合固定一组具
有褶皱效果的糖膏片，这样环绕在蛋
糕侧面的褶皱才会排列得更为整齐。

顶层蛋糕的装饰方法

8. 用尖刀将直径15厘米的蛋糕表面
   削平，然后将一个12厘米的蛋糕
   卡片摆在蛋糕正中心的位置。在蛋
   糕侧边距离顶部3厘米的高度做好
   标记，在每隔5厘米间距的位置插
   入一根取食签。用尖刀将蛋糕卡片
   和取食签之间的蛋糕削掉，使蛋糕
   的顶部形成半球形。去除蛋糕卡片
   和取食签。将半球形的蛋糕摆放在
   12.5厘米的蛋糕托板正中心的位
   置，在距离蛋糕底部1.5厘米的位置
   做出标记，然后按照标记将蛋糕的
   底部切掉。

9. 分别用500克的杏仁膏和白色翻糖膏为蛋糕包面（见第30~34页）。

10. 将黄色塑形糖膏擀薄，然后切出一个12厘米×16厘米的长方形。将长边的边缘后折，然后在糖膏正面涂抹一层白色珠光色粉。将涂有色粉的塑形糖膏放在之前用过的那片有褶皱的铝箔纸上，采用与步骤6相同的方法制作数个具有褶皱效果的糖膏片，然后将它们黏合固定在蛋糕上，直到把整个蛋糕都包裹起来。

11. 将一个直径3厘米的圆形切模放在蛋糕顶部的圆心处，向下轻轻按压直到切透蛋糕上的糖膏，将糖膏去除后用手指将边缘处的切痕打磨光滑。将黄色塑形膏擀为5毫米的厚度，使用直径3厘米的圆形切模切出一个圆片，然后用手指将边缘处的切痕打磨平滑。

12. 另取少量的黄色塑形膏，擀薄后用直径5厘米的圆形切模切出一个圆片。用这个圆片将直径3厘米、厚度为5毫米的圆片包裹起来。在圆片上涂抹一层白色珠光色粉，然后用可食用胶水将圆片黏合在蛋糕顶部的圆形孔洞中。

花朵分隔层

13. 将白色翻糖膏擀为5毫米的厚度，然后切出两个18.5厘米×10厘米的长方形。在聚苯乙烯蛋糕模型的侧面刷上少许纯净水，然后将两片糖膏黏合在蛋糕模型的侧边。用蛋糕抹平器将糖膏的接缝处打磨平滑。

大师建议：

如果你希望用真蛋糕代替蛋糕模型来制作花朵分隔层的话，先要将直径12厘米的圆形蛋糕固定在与蛋糕尺寸相同的蛋糕托板上，然后分别用400克的杏仁膏和翻糖膏为蛋糕包面。用糖皮覆盖蛋糕的时候，可以将顶部与侧面分开进行包裹。将蛋糕放置一天后在中间插入蛋糕支撑杆（见第38页）。如果这层蛋糕将被切分食用，那么在制作糖花时就不要使用花艺铁丝。在用花朵装饰蛋糕的时候，先用塑形工具在蛋糕表面按压出凹痕，然后用皇家糖霜将花朵黏合固定在凹痕处。

14. 用皇家糖霜将蛋糕模型黏合固定在底层蛋糕中心的圆形标记上（见步骤3）。将蛋糕模型的周长三等分，然后在模型侧面1/2高度的位置上做出3个等距的标记。用球形塑形工具在3个标记处按压出凹痕，用竹签在凹痕处打孔，并在孔洞中涂抹少许可食用胶水。用尖头镊子夹起一朵毛茛花，然后将它插入孔洞中。每个孔洞的位置可以插入3~4朵花。

大师建议：

在用花朵和叶片填补蛋糕侧面的缝隙时，可以借助小号笔刷的手柄对花朵叶片进行排列组合并适当调整间隙。

15. 采取同样的方法在毛茛花的周围插入栀子花（包括花朵和花蕾）和水仙花。最后用白色的小花朵将蛋糕的侧面完全覆盖住（见第99页英国玫瑰婚礼蛋糕）。

16. 将奶油色的糖花膏擀薄，用大小尺寸不同的几组5片花瓣的切模切出花瓣的形状。将花瓣按从大到小的顺序叠放在一起，用细头笔刷的圆端在花瓣的中心处轻轻按压，使花瓣形成半球形。将绿色的糖花膏擀薄后切出几片叶子的形状（见第184页）。在糖膏仍然柔软时用这些花朵和叶片来填补花朵分割层中的空隙。

组装

17. 待蛋糕托板干燥之后，将一个直径25.5厘米的圆形蛋糕架放在托板的正中心的位置。分别将底层蛋糕和花朵分隔层放在蛋糕架上，然后用皇家糖霜将顶层蛋糕黏合固定在花朵分隔层上。

18. 用花艺胶带将4支毛茛花的花茎缠裹固定在一起。将一根1.3厘米宽的黄色缎带缠在花茎上并扎成一个蝴蝶结，然后将装饰好的花束放在蛋糕顶层上。

19. 用2.4厘米宽的黄色缎带扎成3个蝴蝶结，用花艺铁丝（用于蛋糕模型）或是皇家糖霜（用于蛋糕坯）将它们固定在花朵分隔层底部的三个位置上。

20. 将迷你蛋糕摆放在蛋糕托板上，然后在迷你蛋糕中间摆放毛茛花和水仙花进行装饰。

水仙花、栀子花和毛茛花

可食用原材料

Squires Kitchen糖花膏：浅黄色、浅粉色、奶油色和浅绿色

Squires Kitchen专业复配食用色粉：黄水仙和葡萄藤

Squires Kitchen设计师系列食用珠光色粉：雪纺粉和白缎

Squires Kitchen设计师系列专业食用花蕊色粉：浅黄色

Squires Kitchen可食用胶水

工器具

基本工具（见第8页）

花艺铁丝：绿色，24和26号；白色，30号

花艺胶带：绿色（1/2宽幅）

康乃馨花切模：大号（Orchard品牌）

Squires Kitchen多用花瓣切模套装2：3号（2.5厘米×4厘米）

带孔的泡沫垫

5瓣花瓣切模：5厘米和6厘米（Orchard品牌）

聚苯乙烯圆球：直径2厘米、2.5厘米、3厘米和4厘米

Squires Kitchen多用花瓣切模套装1

    1号：4厘米×4.5厘米

    2号：3厘米×3.5厘米

    3号：3厘米×3厘米

    4号：2厘米×2厘米

    5号：1.5厘米×1.5厘米

水仙花

喇叭花形的制作方法

1. 将少量的浅黄色糖花膏揉成一个约1厘米长的水滴形。用细的尖头剪刀在水滴形糖膏的顶部剪三个小口。然后在底部插入一根涂有少许胶水的26号花艺铁丝，放置一旁晾干。

2. 用浅绿色的糖花膏做6个长1.5厘米的圆锥体，将它们分别黏合在黄色的水滴形糖膏的周围作为花芯，然后将它放置一旁晾干。待干燥之后，在花芯顶部涂抹少许可食用胶水，然后用浅黄色的花蕊可食用色粉为其上色。

3. 将浅黄色的糖花膏做成一个墨西哥帽子的形状（见第186页），然后用大号康乃馨切模切出花形。将糖膏放在泡沫垫上，用骨形塑形工具在花瓣上来回擀压使它延展开，然后用球形塑形工具按照从上到下的顺序在花瓣上施力以形成卷边，最后用尖头造型棒按压花朵的中心从而使花朵围拢在一起形成半球形。

4. 制作水仙花的喇叭口时，将固定花芯的铁丝从浅黄色花瓣的中间穿过，然后在喇叭口顶部涂抹少许黄水仙食用色粉，并在底部涂抹少许葡萄藤食用色粉为其上色。

花瓣的制作方法

5. 将少量浅黄色的糖花膏擀开，在中间留出一个隆起以便插入花艺铁丝。用多用花瓣切模套装2中的3号切模切出花瓣的形状。重复同样的方法再制作5片花瓣。在每片花瓣的底部各切出一个斜边使它们略带棱角，然后在每片花瓣的隆起处插入一根30号的白色花艺铁丝。

6. 用竹签在花瓣上擀压以添加纹路，然后用骨形塑形工具柔化边缘处的切痕。最后在花瓣的边缘处轻扫少许黄水仙食用色粉。

花朵的组合方法

7. 在花瓣彻底干燥之前，将3片花瓣以等距的方式排列在喇叭口花芯的周围，然后用花艺胶带将它们固定在一起。添加另外3片花瓣，注意每片花瓣都处于第一层花瓣之间的位置。

栀子花

花朵的制作方法

1. 将少量浅黄色的糖花膏揉成一个橄榄球的形状，在底部插入一根涂有少许胶水的26号花艺铁丝，然后放置一旁晾干。待干燥之后，在花芯顶部涂抹少许可食用胶水，然后蘸取浅黄色的花蕊可食用色粉为其上色。

2. 将奶油色的糖花膏做成一个墨西哥帽子的形状，然后用直径5厘米的5瓣花瓣切模切出花形。将糖膏放在泡沫垫上，用尖头塑形工具柔化花瓣边缘处的切痕。为了让花朵成型，需要用尖头造型棒的圆头按压花朵的中心，从而使花瓣交叠围拢在一起。将固定花芯的铁丝穿过花瓣的中心的位置，然后用可食用胶水将花瓣与花芯黏合在一起，放置一旁晾干。

3. 将浅黄色的糖花膏擀薄，然后用直径6厘米的5瓣花瓣切模切出两朵花形。用尖头塑形工具柔化花瓣边缘处的切痕，然后将它穿入花艺铁丝并固定在花芯的底部。采取交叠围拢的方式将花瓣分别黏合在花芯上，注意让花朵呈现正在逐渐开放的状态。采用同样的方法将另外一层花瓣添加在花芯外围。

4. 制作栀子花蕾时，先制作一个橄榄球形的花芯，并在底部插入一根涂有少许胶水的26号花艺铁丝，然后放置一旁晾干。用直径6厘米的5瓣花瓣切模切出花形，将固定花芯的花艺铁丝从花瓣中心处穿过，然后用可食用胶水将花瓣与花芯紧密地黏合在一起。

波斯毛茛花

花芯的制作方法

1. 将顶部带钩的24号花艺铁丝插入一个直径2.5厘米的圆形的聚苯乙烯圆球中。

第一层花瓣的制作方法

2. 将少量的浅黄色和浅绿色的糖花膏揉和均匀，擀薄后用多用花瓣切模套装1中的1号切模切出5片花瓣。用可食用胶水将花瓣分别黏合在聚苯乙烯圆球的顶部，花瓣之间要彼此重叠。

第二层花瓣的制作方法

3. 将浅粉色的糖花膏擀薄，用多用花瓣切模套装1中的2号切模切出5片花瓣。用压纹棒在花瓣上压出脉络，然后用尖头塑形工具柔化边缘处的切痕。在花瓣上薄薄地涂抹一层白色的食用珠光色粉。要把花瓣塑造成圆润的半球形，可以将花瓣放在直径2厘米的聚苯乙烯半球上，然后沿着半球的弧线将每个花瓣的底部捏合在一起进行定形。用可食用胶水将圆弧形的花瓣黏合在第一层花瓣的周围，并让花朵呈现略为开放的状态。

第三至五层花瓣的制作方法

4. 重复之前的步骤用下文所列型号的切模和聚苯乙烯圆球各制作5片花瓣。然后用胶水将5片外侧的花瓣和5片内侧的花瓣交替黏合到花朵上。

- 第三层：多用花瓣切模套装1中的3号切模，直径2.5厘米的聚苯乙烯半球。
- 第四层：多用花瓣切模套装1中的4号切模，直径3厘米的聚苯乙烯半球。
- 第五层：多用花瓣切模套装1中的5号切模，直径4厘米的聚苯乙烯半球。

第六层花瓣的制作方法

5. 将浅粉色的糖花膏擀薄后切成两个长条形。将花艺铁丝摆放在其中一条糖膏的中线位置上，然后将另外一条糖膏覆盖在上面，这样铁丝就被夹在两片糖膏的中间。围绕着铁丝将糖膏进一步擀薄，然后用多用花瓣切模套装1中的5号切模切出花瓣的形状。重复上面的步骤共切出5片花瓣，按照步骤3的方法为花瓣添加纹路后放在聚苯乙烯半球上定形。用花艺胶带将这5片花瓣分别缠裹固定在第五层花瓣的外围。最后在花瓣的边缘处轻扫少许雪纺粉红色的食用珠光色粉。

6. 制作奶油色和粉色的花朵时，将奶油色的糖花膏和少量的粉色糖花膏揉和在一起。按照步骤1～5的方法制作花朵，然后根据自己的喜好在花朵上涂抹适量的雪纺粉红色的食用珠光色粉。

花萼

7. 将花艺胶带的一端剪出尖头，然后用手指拉伸并旋扭胶带，使它呈现自然的弧度。为每朵花制作5片花萼，然后用花艺胶带将它们固定在花朵的底部。

迷你蛋糕

可食用原材料

12个圆形蛋糕：直径5厘米，高5厘米

装饰每个迷你蛋糕所需要的原材料：

Squires Kitchen杏仁膏：40克

Squires Kitchen翻糖膏：白色，40克

Squires Kitchen塑形膏：40克

　粉色20克：10克浅粉色糖花膏＋10
　克白色翻糖膏

　黄色20克：10克浅黄色糖花膏＋10
　克白色翻糖膏

Squires Kitchen糖花膏：浅绿色、
浅粉色和浅黄色

Squires Kitchen专业复配食用色粉：
玫瑰和葡萄藤

Squires Kitchen设计师系列食用珠
光色粉：雪纺粉和白缎

Squires Kitchen设计师系列专业食
用花蕊色粉：浅黄色

Squires Kitchen可食用胶水

细糖粉

工器具

基本工具（见第6~7页）

圆形切模：直径2.2厘米和2.5厘米

雏菊花切模：4.5厘米（FMM品牌）

花萼切模：4.3厘米（Orchard品牌花
萼和野玫瑰切模套装中的R11）

杯形造型托盘（例如苹果托盘）

蛋糕的装饰方法

1. 分别用40克的杏仁膏和40克的白色
翻糖膏将迷你蛋糕包裹起来。

2. 将少量浅粉色或是浅黄色的塑形糖膏
擀薄，然后切成6厘米×8厘米的长
方形。将长边稍向后折，然后在糖膏
上面涂抹少许白色食用珠光色粉。

3. 将糖膏放在不粘擀板上，在两根竹
签上撒上少许细糖粉。双手各持一
根竹签，将一根竹签水平地摆放
在糖膏的长边上，然后用另一根竹
签提起糖膏做出褶皱的形状。取下
竹签，用手指进一步调整褶皱的造
型。用可食用胶水将形成皱褶的糖
膏黏合在迷你蛋糕的侧面。采用同
样的方法共制作3个具有褶皱效果
的带状糖膏，然后参照图示将它们
分别黏合固定在蛋糕上。

4. 使用球形塑形工具在每个迷你蛋糕的顶部按压出一个凹痕，用可食用胶水或是皇家糖霜将雏菊固定在用黄色带状褶皱糖膏装饰的蛋糕上，然后把毛茛花固定在用粉色带状褶皱糖膏装饰的蛋糕上。

小型花朵

雏菊

1. 将浅黄色的糖花膏擀薄，用雏菊花切模切出两组雏菊花瓣。将两组花瓣以彼此交错的方式叠放，然后用可食用胶水将它们黏合在一起。将雏菊放在杯形造型托盘（例如苹果托盘）中干燥定形。

2. 将浅黄色的糖花膏揉成一个小圆球，然后轻轻压平。在球体的顶部涂抹少许可食用胶水，用浅黄色的花蕊食用色粉为其上色，然后将它黏合在花瓣的中心位置。

3. 将浅绿色的糖花膏擀薄，用切模切出花萼的形状。用骨形塑形工具将花萼向外拉伸，然后用可食用胶水将它黏合在雏菊的底部。

毛茛花

1. 将2克浅绿色的糖花膏揉成一个小的圆球形，轻轻压平后将它放置一旁晾干。

2. 将浅粉色糖花膏擀薄，用直径2.2厘米的圆形切模切出3片花瓣，然后用直径2.5厘米的圆形切模切出5片花瓣。

3. 将每片花瓣对折，以花芯的中心为圆点，将3个直径2.2厘米的花瓣的折边交叠排列在一起，并用可食用胶水加以固定。采取相同的方法将5片直径2.5厘米的花瓣也均匀地黏合在花芯上。

4. 采用与雏菊花萼相同的制作方法制作毛茛花的花萼，最后在花瓣边缘处轻扫少许雪纺粉和玫瑰色的食用色粉。

花朵盛宴婚礼蛋糕

（四月）

可食用原材料

4个六边形蛋糕：

底层蛋糕：18厘米，高10厘米
第三层蛋糕：15厘米，高5厘米
第二层蛋糕：13厘米，高7厘米
顶层蛋糕：10厘米，高10厘米

Squires Kitchen杏仁膏：2.2千克

Squires Kitchen翻糖膏：白色300
克；粉色1.5千克；绿色400克

Squires Kitchen速溶混合皇家糖霜
粉：白色500克

Squires Kitchen专业复配食用着色
膏：板栗棕、圣诞红和葡萄藤

Squires Kitchen专业复配食用着色
液：板栗棕和玫瑰

Squires Kitchen设计师系列金属珠
光食用色粉：金色

Squires Kitchen设计师系列食用珠
光色粉：白缎

Squires Kitchen可食用胶水

无色透明酒精

工器具

基本工具（见第6~7页）

六边形蛋糕托板：18厘米、15厘米、
13厘米和10厘米

裱花嘴：0号和1号

长刃剪刀

描图纸

模板（见第195页）

装饰物

日式发簪

准备工作

1. 用几滴板栗棕色液体色素将200克
皇家糖霜调染成浅棕色。将300克
皇家糖霜调制为流动糖霜的使用状
态后，用几滴玫瑰色液体色素将其
调染成粉色。

底层蛋糕的装饰方法

2. 将18厘米的蛋糕固定在相同尺寸
的蛋糕托板上。用800克的杏仁膏
覆盖蛋糕的顶部，并将边缘修饰整
齐。将剩余的杏仁膏切成两条10厘
米×33厘米的长条，然后将它们黏
合在蛋糕的侧面。

3. 使用340克的粉色翻糖膏覆盖蛋糕
的顶部。将340克的粉色翻糖膏和
120克白色翻糖膏揉和在一起形成
大理石的装饰效果。将大理石纹理
的糖膏擀至2毫米左右的厚度，然
后将它切成11厘米×12厘米的长方

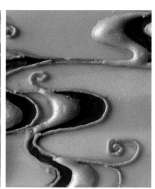

形。采用同样的方法共制作6个大理石效果的糖膏板，然后将它们静置一天晾干。在糖膏板白色的部分涂抹少许白色珠光色粉，然后按照下面的步骤对这些糖膏板进行装饰并将它们分别黏合在蛋糕上。

4. 用竹签或取食签将模板上的图案描摹到糖膏板上（见第44页山茶花婚礼蛋糕中的相关内容）。

5. 用少量无色透明酒精将板栗棕和圣诞红的混合色膏进行稀释，然后用细头笔刷为图案上色，注意在花瓣边缘处留3~5毫米空。

6. 将0号裱花嘴装入裱花袋，然后填入浅棕色的皇家糖霜，用皇家糖霜勾画出图案的轮廓线。在金色的金属珠光色粉中滴入几滴无色透明酒精并混合均匀。待糖霜干燥后，用细头笔刷将金色的混合色液涂抹在图案的轮廓线上。

7. 将1号裱花嘴装入裱花袋，然后填入白色的流动糖霜。用流动糖霜填充图案中花瓣的区域（关于流动糖霜的具体内容请参考第25页和第28页）。待流动糖霜干燥之后，在白色的花瓣上涂抹一层白色的珠光色粉，然后依照图示，用葡萄藤色粉为花芯上色。

8. 使用0号裱花嘴和白色皇家糖霜在花芯处裱出花蕊的形状，待干燥后刷上金色色粉与无色透明酒精的混合色液。

9. 将装饰好的糖膏板排列在蛋糕的侧面，并用剪刀去除多余的部分，注意所有的糖膏板应保持一致的高度。在蛋糕的每个侧面都刷上薄薄

的一层皇家糖霜，然后将糖膏板黏合固定在上面。

第三层蛋糕的装饰方法

10. 将15厘米的蛋糕固定在相同尺寸的蛋糕托板上，称量出500克的杏仁膏。将杏仁膏擀开后覆盖在蛋糕顶部，并将边缘修饰整齐。将剩余的杏仁膏擀开，切出两条5.5厘米宽、28厘米长的条形，然后将它们分别黏合在蛋糕的侧面。

11. 将200克绿色翻糖膏擀开后覆盖在蛋糕顶部。另取200克绿色翻糖膏和100克白色翻糖膏并将它们分别分成三份。使用1/3份的绿色糖膏和1/3份的白色糖膏制作两块糖膏板。

大师建议：

我建议使用长刃的剪刀将糖膏的边缘一次性裁切干净。为了让切边更加整齐，要在糖膏尚未完全干燥之前进行操作。

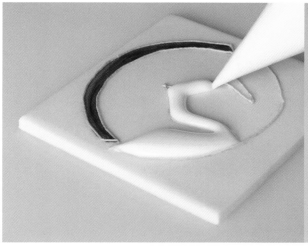
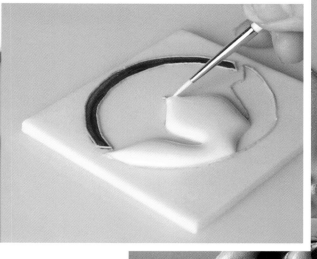

12. 将1/3份的绿色和白色糖膏分别揉成香肠形，将绿色和白色的香肠形糖膏扭转在一起形成辫状。沿着糖膏的侧边将它擀到2毫米厚度，然后将它切成20厘米×5.5厘米的长方形，最后将长方形糖膏切成两半。重复上述步骤3次，共制作6块长方形糖膏，然后将它们静置一天晾干。

13. 按照步骤4～7的方法，用图片上的图案作为参考制作出糖膏板。沿着图案中的波浪描摹出弧线，然后在图案中填充粉色的流动糖霜。当你已经完成这些步骤之后，可以省略步骤8直接过渡到步骤9。

第二层蛋糕的装饰方法

14. 将13厘米的蛋糕固定在相同尺寸的蛋糕托板上，将500克的杏仁膏擀开后覆盖在蛋糕顶部，并将边缘修饰整齐。将剩余的杏仁膏擀开，切出两条7.5厘米×24厘米的条形，然后把它们黏合在蛋糕的侧面。

15. 将250克粉色翻糖膏擀开后覆盖在蛋糕的顶部。另取250克粉色翻糖膏并擀成2毫米的厚度，然后切成8厘米×8.5厘米的长方形。采用同样的方法共制作6块长方形的糖膏板，然后静置一天晾干。

16. 按照步骤4～9的方法，用图片上的图案作为参考制作出糖膏板。在做到步骤5时，在半圆形的条形内部涂色。

顶层蛋糕的装饰方法

17. 将10厘米的蛋糕固定在相同尺寸的蛋糕托板上，将400克的杏仁膏擀开后覆盖在蛋糕顶部，并将边缘修饰整齐。将剩余的杏仁膏擀开，切出两条10厘米×20.5厘米的条形，然后把它们黏合在蛋糕的侧面。

18. 将160克粉色翻糖膏擀开后覆盖在蛋糕的顶部。将另外的160克的粉色翻糖膏和80克白色翻糖膏揉和在一起形成大理石的装饰效果。将大理石纹理的糖膏擀至2毫米左右

的厚度，然后切成6个11厘米×7.5厘米的长方形，静置一天晾干。待干燥后在糖膏白色的部分涂抹一层白色的珠光色粉。

19. 按照步骤4~9的方法，使用模板作为参考制作糖膏板。在做到步骤5时，用少量无色透明酒精将板栗棕和葡萄藤的混合色膏进行稀释，然后用细头笔刷为叶片上色。

20. 当顶部的糖膏干燥后，在上面描摹出花瓣的图案。用葡萄藤色膏绘制花茎和叶片，注意要与顶层蛋糕侧面的图案保持一致，然后继续遵循步骤6~8。

组装

21. 除了顶层蛋糕之外，在其余的蛋糕中分别插入蛋糕支撑杆（见第38页）。将底层蛋糕摆放在蛋糕架上，然后在将其他几层蛋糕叠放在一起，注意在每一层蛋糕之间涂抹少量的皇家糖霜将蛋糕黏合固定住。

22. 将少量的翻糖膏揉成一个圆球形，并把它摆放在蛋糕的旁边，将日式头簪的装饰插入糖膏中，从而完成整体的造型。

大师建议：

翻糖膏易于造型，所以在制作糖膏板的时候可以将它切得略大，待将糖膏板黏合在蛋糕侧面之前再将它裁切为适合的尺寸。在黏合糖膏板的时候，你应该使用流动糖霜作为黏合剂，这样蛋糕的整体外观会更加整齐利落。

日式发簪装饰

可食用原材料

Squires Kitchen糖花膏：浅绿色、浅粉色、圣诞红、浅紫色和白色

Squires Kitchen设计师系列金属珠光食用色粉：荧光金

Squires Kitchen设计师系列食用珠光色粉：玫瑰粉和白缎

Squires Kitchen可食用胶水

工器具

花艺铁丝：白色26、30和32号

花艺胶带：白色（1/2宽幅和整幅）

条形切模：3毫米宽

裱花嘴：0号

准备工作

1. 将浅粉色和圣诞红色的糖花膏揉和在一起形成深粉色。将浅粉色和白色的糖花膏揉和在一起形成浅粉色。

花朵的制作方法

2. 将少量白色糖花膏揉成一个小圆球的形状。将蘸取少许可食用胶水的顶部带钩的30号花艺铁丝插入到圆球中，然后将它放置一旁晾干。待干燥后在圆球形的花芯上涂抹一层白色的珠光色粉。

3. 将深粉色的糖花膏擀薄，切出4个边长2.5厘米的正方形。将其中的一个正方形沿对角线对折成三角形。将三角形的长边朝上，将一根涂有可食用胶水的带钩的花艺铁丝放在中间，然后把三角形糖膏折过来盖住铁丝。将糖膏的2个角分别向内折，然后切成和铁丝平行的长条形状。

4. 重复步骤2和3的做法，一共制作4个带铁丝的花瓣，在上面涂抹一层玫瑰粉珠光色粉后放置一旁晾干。

用1/2宽幅的白色花艺胶带将4片带铁丝的花瓣固定在白色的花芯周围。

5. 将少量浅粉色的糖花膏擀薄，然后切出8个边长为3厘米的正方形。重复步骤2和3的做法，一共制作出8个带铁丝的浅粉色花瓣。在每片花瓣上涂抹少许白色珠光色粉，然后将它们放置一旁晾干。用1/2宽幅的白色花艺胶带将这8片带铁丝的花瓣黏合在第一组花瓣的外围。

叶片的制作方法

6. 将浅绿色的糖花膏擀薄，切出2个边长为2.5厘米的正方形和1个边长为3厘米的正方形。

7. 按照步骤2和3方法，用绿色的糖花膏制作出3片叶片，然后放置一旁晾干。用1/2宽幅的白色花艺胶带将2片较小的叶片固定在较大的叶片的两侧。

花束的组合方法

8. 选择一朵花作为整个花束的焦点，然后用整幅的白色花艺胶带将另外

的5朵花缠裹固定在这朵花的周围，并将5片叶片固定在花朵的下面。

发簪的制作方法

9. 将淡紫色的糖花膏揉成一个小的橄榄球的形状，在其中插入一根涂有可食用胶水的26号花艺铁丝。将橄榄球形的糖膏放在不粘擀板上，然后用手指将糖膏沿着铁丝搓成约5厘米长的香肠形。

10. 将少许淡紫色的糖花膏揉成一个小的圆球形，然后将它固定在花艺铁丝的末端作为发簪的圆头，将它放置一旁晾干。

11. 重复步骤9和10的做法，用圣诞红色的糖花膏制作一根红色的饰针。然后在所有的发簪饰针上涂抹一层荧光金色的色粉。

丝带的制作方法

12. 将少量的白色糖花膏擀薄，用3毫米宽的条形切模切出5厘米长的条形。在条形糖膏上涂抹一层白色珠光色粉，然后用0号裱花嘴在每个条形糖膏的末端扎出一个小孔。采用同样的方法共制作出15~20个细长条形糖膏。剪一小段32号的花艺铁丝，将铁丝穿过糖膏上的小孔后弯折成一个环形。重复

同样的做法共制作15~20个穿有铁丝的糖膏条。

13. 将条形糖膏排成一排，用一根白色的26号花艺铁丝将所有的圆环都串起来，然后将铁丝的两端拧在一起加以固定。

组装

14. 制作两组花束，用白色花艺胶带将几根发簪饰针缠裹固定在花束的周围。将糖膏丝带悬挂在花束的底部，并用胶带加以固定。

花朵盛宴曲奇饼干

我推荐的曲奇饼干的配方和糖霜饼干的制作方法，请参阅第16页和第28页的内容。

着和服的女孩

图片中身着和服的女孩是一个独立的装饰作品。整个人物形象是用塑形糖膏塑造完成，纤细的发丝则是用黑色的皇家糖霜和极细的00号裱花嘴裱饰而成。

手鞠球

这些装饰性的手鞠球上覆盖了一层黑色的翻糖膏，上面的装饰线条则是使用00号裱花嘴和红色、蓝色、黄色的皇家糖霜裱饰而成。如何为球体覆盖翻糖膏的具体方法请参阅第172页的内容。

樱花花瓣

将浅粉色的糖花膏擀薄，用小号的玫瑰花瓣切模切出一片花瓣的形状。用切模的尖端在花瓣的顶部切出一个V字形。最后在花瓣上涂抹少许Squires Kitchen专业复合玫瑰色粉即可。

蝴蝶

将浅黄色的糖花膏擀薄，切出一对小的蝴蝶翅膀的形状。用翅膀脉络模为翅膀添加纹路，然后在上面涂抹一层香槟金色的色粉。用糖膏制作一个小的蝴蝶躯干的形状，在上面涂抹一层香槟金色的色粉。用可食用胶水将翅膀黏合在躯干的两侧，将厨房用纸揉成小球放在翅膀下面作为支撑，直到蝴蝶完全干燥定形。

樱花曲奇饼干

制作这些与花朵盛宴主题蛋糕配套的曲奇饼干时，使用与糖膏板相同的图案模板和装饰方法进行装饰。这些饼干将成为送给客人的完美的婚庆礼物。

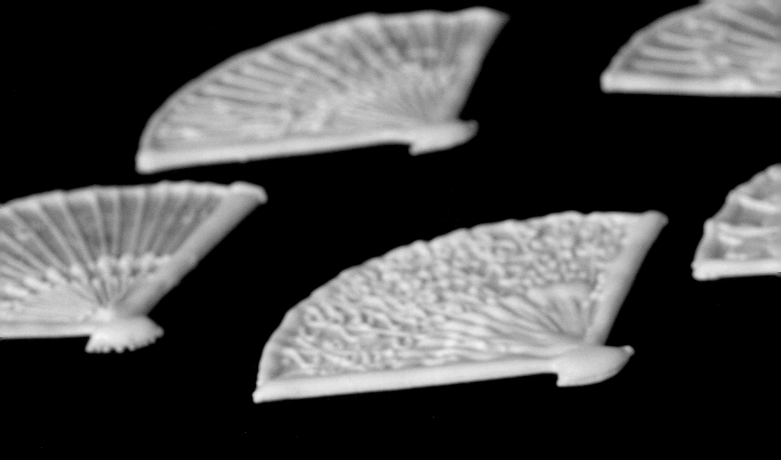

扇子曲奇饼干

用日式扇子饼干切模（Lindy Smith品牌）切出曲奇饼干的形状（见第16页的曲奇饼干配方）。用高硬度的皇家糖霜在扇形饼干上裱出一圈外轮廓线，然后将饼干放置一旁晾干。在饼干中填充绿色或粉色的流动糖霜。待糖霜干燥后，用绿色、粉色和紫色的皇家糖霜和0号裱花嘴在扇面上裱出图案。最后，用绿色的皇家糖霜和0号裱花嘴在扇面上裱出扇骨的轮廓线。如何成功制作流动糖霜请参阅第28页的相关内容。

英国玫瑰婚礼蛋糕

（五月）

可食用原材料

4个圆形蛋糕

底层蛋糕：直径30.5厘米，高12厘米

第三层蛋糕：直径23厘米，高8厘米

第二层蛋糕：直径18厘米，高15厘米

顶层蛋糕：直径15厘米，高10厘米
或是蛋糕模型

Squires Kitchen杏仁膏：4.2千克

Squires Kitchen翻糖膏：5.5千克，
其中浅粉色4.2千克，粉色1.3千克

Squires Kitchen糖花膏：浅粉色，
淡紫色和白色

Squires Kitchen皇家糖霜粉：白
色，少量

Squires Kitchen塑形膏：

100克深粉色：将60克浅粉糖花膏
和40克白色翻糖膏揉和均匀，添加
微量玫瑰色膏

100克浅粉色：将60克浅粉色糖花膏
和40克白色翻糖膏

100克紫色：将60克淡紫色糖花膏和

40克白色翻糖膏揉和均匀

Squires Kitchen专业复配食用着色
膏：玫瑰

Squires Kitchen可食用胶水

工器具

基本工具（见第6~7页）

蛋糕托板：直径15厘米、18厘米、23
厘米和30厘米

蛋糕托板（厚）：直径48厘米

Squires Kitchen多用花瓣切模套装2:

2号：2.5厘米×4厘米

3号：2.3厘米×3厘米

蛋糕支撑杆

花托：3个

粉色缎带：1.2厘米宽，2.9米长（用
于装饰蛋糕）；1.2厘米宽，1.55米长
（用于装饰蛋糕拖板）

装饰

英国玫瑰、虎眼万年青、吊兰和小
花朵的花艺装饰（见第94~99页）。

蛋糕托板的装饰方法

1. 在1.3千克的白色糖膏中添加少许玫
瑰色的色膏将它调染成浅粉色。将
糖膏分份，然后在1/4份的糖膏中
额外添加少许玫瑰色膏，将它调染
成深粉色。将深粉色和浅粉色的糖
膏揉和在一起形成大理石的装饰效
果。用大理石纹路的糖膏覆盖直径
48厘米的蛋糕托板（见第35页）。
将蛋糕托板放置数天晾干，然后用
无毒胶水或双面胶将一条粉色的
缎带黏合在蛋糕托板的侧边。

蛋糕包面的方法

2. 在4.2千克的白色糖膏中添加少许
玫瑰色的色膏将它调染成浅粉色。
将4层蛋糕分别固定在相同尺寸的
蛋糕托板上。

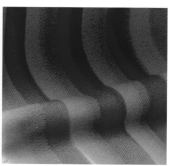

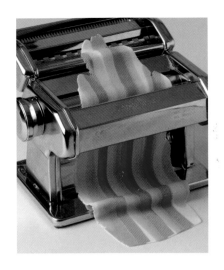
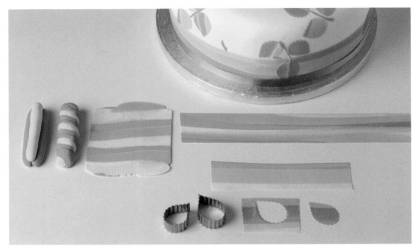

3. 使用杏仁膏和翻糖膏为蛋糕包面。杏仁膏和翻糖膏用量如下：底层蛋糕各2千克；第三层蛋糕各900克，第二层蛋糕各800克，顶层蛋糕各500克。在除顶层蛋糕之外的3层蛋糕中分别插入蛋糕支撑杆（见第38页）。

塑形糖膏的制作方法

4. 按如下方法将糖花膏和翻糖膏混合成塑形糖膏：

   粉色塑形糖膏：将120克的浅粉色糖花膏和80克的白色翻糖膏揉和均匀。在1/2份的浅粉色塑形膏中添加少许玫瑰色膏，将其调染成深粉色的塑形糖膏。紫色的塑形糖膏：将60克的淡紫色糖花膏和40克的白色翻糖膏揉和均匀。

> **大师建议：**
>
> 30克的塑形糖膏可以制作成一条40厘米长3厘米宽的条形。要计算所需要的条形糖膏的长度，可以测量从蛋糕底部到需要覆盖的蛋糕顶部的总高度。

底层蛋糕的装饰方法

5. 将10克的深粉色、浅粉色和紫色塑形糖膏分别揉成7~8厘米长的香肠形。将其中一个香肠形的糖膏叠放在另外两条糖膏的上方，呈金字塔形。将三条糖膏的两端捏在一起，并扭转成带有三色垂直条纹的香肠形糖膏。顺着条纹的方向将糖膏擀为8厘米宽、2~3毫米厚的长条形，然后将一端切平。

6. 将压面机调至一档，然后将糖膏填入压面机。先后将压面机调整到二至九档，将糖膏压薄。重复上述的做法直到将糖膏按压为薄而长的条形。如果你没有压面机，可以用不粘擀棒将糖膏擀成尽可能薄的长条形。在压好的条形糖膏切出8条20厘米长4厘米宽的长方形。用花瓣切模在剩余的糖膏中切出一些叶片的形状，以及花茎和几个其他形状的小的糖膏片作为装饰。

7. 从蛋糕左侧开始，按照从下往上的顺序，用可食用胶水将20厘米长4厘米宽的长方形糖膏黏合在底层蛋糕上。将条形糖膏一条条地黏合在蛋糕上，彼此重叠大约5毫米，直到达到28.5厘米的宽度。再制作三个条形糖膏，这一次从蛋糕的右侧开始，按照从下往上的顺序，将条形糖膏一条条地黏合在蛋糕上，彼此重叠大约5毫米，直到达到11厘米的宽度。采用同样的方式在蛋糕背面黏合5个条形糖膏，宽度约为18厘米。

> **大师建议：**
>
> 按照从下往上的顺序，用可食用胶水将数条条形糖膏黏合在蛋糕上，彼此重叠大约5毫米，直到达到理想的宽度。

8. 分别将叶片、花茎和小片的糖膏片黏合在蛋糕上作为装饰，粘贴时要考虑到蛋糕的整体平衡性和设计感。尽量将它们进行组合，可以将一片大片的叶子粘在花茎顶端，然后将两片较小的叶子分别黏合在花茎的两侧。用一条粉色的缎带粘在蛋糕的底部作为装饰，然后将蛋糕固定在蛋糕托板的中心的位置。

第三层蛋糕的装饰方法

9. 重复底层蛋糕装饰方法中的步骤5和6，但在装饰这一层蛋糕的时候，要将糖膏切成两条各长38厘米的条形，用可食用胶水将糖膏黏合在蛋糕的底部，注意将接缝处隐藏在蛋糕的背面。采用同样的方法将叶片、花茎和小片的糖膏片黏合在蛋糕上作为装饰，最后用皇家糖霜将蛋糕固定在底层蛋糕的中心的位置。

第二层蛋糕的装饰方法

10. 重复底层蛋糕装饰方法中的步骤5~7，但在装饰这一层蛋糕的时候，要将糖膏切成6条25厘米长4厘米宽的条形。用可食用胶水黏合糖膏的时候要按照从上往下的顺序，从而使糖膏呈现适度倾斜的状态，如图所示。注意这6根黏合在一起的条形糖膏的总宽度应该是21.5厘米。采用同样的方法将叶片、花茎和小片的糖膏片黏合在蛋糕上作为装饰，最后用皇家糖霜将蛋糕固定在第三层蛋糕的中心的位置。

顶层蛋糕的装饰方法

11. 重复底层蛋糕装饰方法中的步骤5和6，但在装饰这一层蛋糕的时候，要将糖膏切成两条25.5厘米长4厘米宽的条形，用可食用胶水将糖膏黏合在蛋糕的底部，注意将接缝处隐藏在蛋糕的背面。采用同样的方法将叶片、花茎和小片的糖膏片黏合在蛋糕上作为装饰。

12. 将三个花托分别插入到蛋糕顶部略为靠后的位置。用花艺胶带将一朵玫瑰花、一根花茎和一些小花朵缠裹在一起，然后用U形的花艺铁丝将它们固定在位于中间位置的花托中。将两朵虎眼万年青分别固定在两侧的花托中，然后分别将一朵玫瑰和一朵虎眼万年青插入到这两个花托中。用皇家糖霜将蛋糕固定在第二层蛋糕的中心的位置。将吊兰花插入另一个花托，然后将它固定在蛋糕上，注意在装饰过程中要考虑到蛋糕的整体平衡性。

最后的修饰

13. 使用花艺胶带将两朵玫瑰花和一些叶片缠裹固定在一起，然后将4朵虎眼万年青也固定在一起。将少量翻糖膏揉成一个小的圆球形，然后将它放在蛋糕托板上偏左前方的位置。将虎眼万年青花束插入糖膏球中，使它略微向右倾斜。将玫瑰花束固定在虎眼万年青花束的底部，然后在玫瑰花左侧的位置添加一朵虎眼万年青。最后用小花朵将玫瑰花和虎眼万年青之间的空隙填满。

英国玫瑰

可食用原材料

Squires Kitchen翻糖膏：粉色150克

Squires Kitchen糖花膏：浅粉色和冬青绿

Squires Kitchen专业复配食用着色膏：玫瑰

Squires Kitchen专业复配食用着色粉：仙客来（红宝石色）、冬青绿、圣诞红和玫瑰

Squires Kitchen设计师系列花蕊食用色粉：赤褐色

Squires Kitchen可食用胶水

工器具

基本工具（见第8页）

聚苯乙烯圆球：直径分别为4厘米、5厘米和6厘米

棉线：黄色

花艺铁丝：绿色20号和30号；白色30号

花艺胶带：绿色（1/2宽幅和整幅）

康乃馨花朵切模（Orchard品牌）：小号、中号、大号

Squires Kitchen多用花瓣切模套装1：

    4号：4厘米×4.5厘米

    6号：5.5厘米×7厘米

    7号：5厘米×5.8厘米

玫瑰叶片切模（FMM品牌）：大号2.5厘米×5厘米、小号2.5厘米×3厘米

圆形切模：直径4厘米

细砂纸

准备工作

1. 在白色翻糖膏中添加微量的玫瑰色膏将它调成粉色：每朵玫瑰花需要使用大约25克糖膏。制作玫瑰花的底座时，要将直径4厘米的聚苯乙烯圆球对半切开，并将半球形的顶部切平，然后用细砂纸把它打磨平滑。这样就可以用一个聚苯乙烯圆球制作两朵玫瑰花。

花芯的制作方法

2. 将黄色的棉线在食指和中指上缠绕30周，将棉线从线轴上剪断后从手指上取下来。将棉线从中间扭成8字形，然后将两边折叠在一起形成一个更小的线圈。

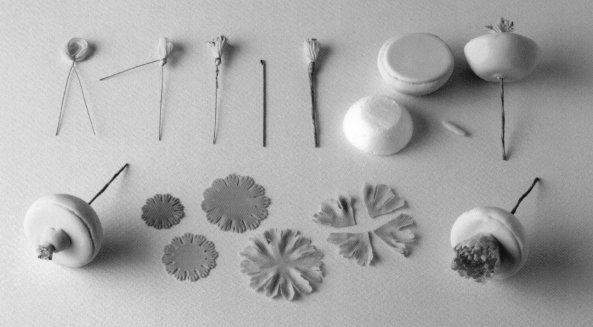

3. 将绿色的30号花艺铁丝穿过棉线环，对折后拧两圈用铁丝将棉线固定住。将铁丝的一端缠在棉线环的底部，然后再将这两根铁丝拧成一股。将环形的棉线切成两半，在棉线上蘸取少许可食用胶水，然后用赤褐色的花蕊色粉为其上色。用花艺胶带将一根带钩的20号花艺铁丝与棉线花芯的铁丝缠裹固定在一起做成一个花茎。

4. 将一个聚苯乙烯玫瑰花基座平放，然后用粉色的翻糖膏将它包裹起来。用直径4厘米的圆形切模切出一片圆形的糖膏，然后将它粘在基座的平底上。将基座翻转过来，平的一面朝上以便在上面粘贴花瓣。用竹签在聚苯乙烯半球的中心扎一个洞，并确保竹签穿透球体，然后用糖膏将球体底部的孔洞填充好。将用花艺铁丝做成的花茎插入孔

中，直到棉线花芯的底部接触到聚苯乙烯半球的平面，然后将它放置一旁晾干定形。将少量的粉色翻糖膏揉成一个香肠形，然后将它缠绕在棉线花芯的底部。

花瓣的制作方法

5. 将浅粉色的糖花膏擀薄，用小号的康乃馨切模切出两组花瓣的形状。使用骨形塑形工具将其中一组花瓣的边缘向外扩展拉伸，然后将它切成4等份。将圣诞红、仙客来和玫瑰色的色粉混合在一起形成暗粉色。在每片花瓣上都涂抹少许暗粉色的色粉，然后将它们黏合在花芯的周围。

6. 再次将浅粉色的糖花膏擀薄，用中号的康乃馨切模切出两组花瓣的形状，再用大号的康乃馨切模切出一组花瓣的形状。重复步骤5的方法，将这些花瓣分别黏合在内层花瓣的外围。将粉色的糖膏揉成一个香肠形，然后将它将缠绕在花瓣的底部，并用手指为花瓣造型。

7. 将少许浅粉色的糖花膏擀薄，用大号的康乃馨切模切出一组花瓣的形

状。重复步骤5的操作方法将花瓣黏合在缠绕在花朵底部的糖膏的上面。

8. 将浅粉色的糖花膏擀薄，用Squires Kitchen多用花瓣切模套装1中的4号花瓣切模切出5片玫瑰花瓣的形状。用压纹棒在花瓣上压出纹路，然后用骨形塑形工具在花瓣边缘擀压出波浪纹。将花瓣放在直径5厘米的聚苯乙烯圆球上进行定形，将花瓣的底部捏合在一起使它呈现半球状。给花瓣上色后将它们黏合在上一层花瓣的外围。重复上述的步骤分别用多用花瓣切模套装1中的6号和7号花瓣切模各切出5片玫瑰花瓣的形状，然后将它们分别黏合在上一层花瓣的外围。

9. 将浅粉色的糖花膏擀开，在中间插入一根30号的白色花艺铁丝。沿着铁丝将糖膏擀薄，然后用多用花瓣切模套装1中的7号花瓣切模切出一个玫瑰花瓣的形状。重复上述操作方法再做出4片花瓣，并按照步骤8的方法进行造型。将花瓣放在直径6厘米的聚苯乙烯圆球上定形，然后用花艺胶带将每片花瓣缠裹固定在上一组花瓣的外围。

花萼的制作方法

10. 在整幅的花艺胶带上剪出5条8厘米长的胶带段。将每条胶带的一端剪出尖，然后用手指拉伸胶带以释放其中的胶质。在胶带的两侧剪出毛刺，如图所示，然后在上面涂抹少许冬青色的色粉。用可食用胶水将胶带黏合在每片花瓣的背面作为花萼，然后用花艺胶带将每片花萼的末端组合固定在一起，最后用另一段花艺胶带将花萼固定在花艺铁丝上。

11. 将冬青色的糖花膏擀薄，注意在中线处留出一个隆起用来插入花艺铁丝。用大号玫瑰叶片切模切出一片叶片的形状，然后用小号的玫瑰叶片切模再切出两片叶片的形状。在每片叶片中各插入一根30号的绿色花艺铁丝，然后放置一旁晾干。将两片较小的叶片黏合固定在大叶片的两侧偏下的位置，然后在叶片上涂抹少许冬青色的色粉。重复同样的方法制作几组叶片用于装饰（见第91页）。

虎眼万年青

可食用原材料

Squires Kitchen糖花膏：浅绿色和白色

Squires Kitchen专业复配食用着色膏：黄水仙和葡萄藤

Squires Kitchen设计师系列花蕊食用色粉：浅黄色

工器具

基本工具（见第8页）

6瓣花瓣切模（Orchard品牌）：5号2.5厘米

花艺铁丝：绿色24号；白色30号

花艺胶带：绿色

圆形哑光人造花蕊：白色小号

大师建议：

如果水滴形花蕾和花瓣的大小尺寸不统一，那么花朵的整体外观会显得更加逼真与自然。另外你也可以通过改变糖膏的厚度对6瓣花瓣花朵的尺寸大小进行调整。

制作方法

1. 将浅绿色的糖花膏揉成一个长约6厘米的细长的水滴形。在糖膏底部插入一根顶部带钩的24号绿色花艺铁丝。按照从顶部到底部的顺序用细的尖头剪刀在糖膏上交替地剪出数个开口。然后从糖膏的底部开始直到1/3高度的位置，用尖头造型棒将糖膏上的切口依次张开。将少量的白色糖花膏揉成数个细小的水滴形，然后将它们夹在切口之间。将水滴形糖膏的尖头略微弯曲，然后将它放置一旁晾干。

2. 再次将少量的白色的糖花膏揉成数个小的水滴形，在每个水滴形的糖膏中都插入一根带钩的30号白色花艺铁丝，然后将它们放置一旁晾干。将浅绿色的糖花膏擀薄，并切出两头略尖的形状，用可食用胶水将它黏合在白色水滴形花芯的侧面。采用同样的方法制作数个相同形状的花蕾。

3. 将浅绿色的糖花膏揉成一个小的橄榄球的形状，然后插入一根顶部带钩的30号白色花艺铁丝，将它放置一旁

晾干。用花艺胶带将6个小的黄色花蕊固定在橄榄球形的糖膏上。在雄蕊和花芯上涂抹少许可食用胶水，然后用黄色的花蕊色粉为其上色。

4. 用白色的糖花膏制作数个小的墨西哥帽子的形状（见第186页），然后用6瓣花瓣切模切出花朵的形状。用尖头造型棒按压花朵的中心，使花瓣环绕在造型棒的周围形成杯形，然后用手指对这些花瓣进行造型，3瓣作为内层花瓣，其他的3瓣为外层的花瓣。在花朵中心的位置涂抹少许黄水仙色的色粉，然后将花蕊插入并固定在花朵的中心处，将它放置一旁晾干。采用同样的方法制作数个花朵。

5. 用花艺胶带将水滴形的花蕾按照从小到大的顺序一个接一个地添加固定在6厘米长的水滴形糖膏的底部。然后再次用花艺胶带将数个花朵也按照从小到大的顺序依次固定在水滴形花蕾的下方。最后在虎眼万年青上涂抹少许葡萄藤色的食用色粉让它看起来更加逼真。

吊兰花

可食用原材料

quires Kitchen糖花膏：浅绿色

Squires Kitchen专业复配食用着色膏：冬青绿

工器具

基本工具（见第8页）

花艺胶带：浅绿色（1/2宽幅）

花艺铁丝：白色28号和30号；绿色22号

向日葵花切模（Tinkertech品牌）：直径10厘米

雏菊花瓣切模（Tinkertech品牌）：4.5厘米

6瓣花瓣切模（Orchard品牌）：6号2厘米

制作方法

1. 用浅绿色的糖花膏制作数个墨西哥帽子的形状（见第186页），然后用雏菊花瓣切模切出花瓣的形状。使用骨形塑形工具将花瓣的边缘向外扩展拉伸，然后用尖头塑形工具在每一片花瓣上都划出一条中线。用尖头造型棒按压花朵的中心，使花瓣环绕在造型棒的周围形成杯形。将一根顶部带钩的28号白色花艺铁丝从顶部插入。用细头笔刷在每个叶片的中间刷上冬青绿色的色膏，从而让叶片呈现两种色调，然后将花朵放置一旁晾干。

> **大师建议：**
>
> 使用向日葵或雏菊切模可以一次性地制作出数片叶片。

2. 将浅绿色的糖花膏擀得略厚，然后用向日葵花瓣切模切出花瓣的形状。使用小滚轮将每片花瓣单独切开，形成叶片的形状。在每片叶片中都插入一根30号的白色花艺铁丝，沿着铁丝将糖膏再度擀薄，然后切成很薄的叶片的形状。用尖头塑形工具在每一片花瓣上都划出一条中线，然后采用步骤1的方法在叶片中间刷上冬青绿色的色膏。将一片叶片的边缘向外卷曲，然后用花艺胶带将它固定在步骤1中所制作的叶片的外围。采用同样的方法共制作5片相同的叶片，在彻底干燥前将它们分别缠裹固定在步骤1中所制作的叶片的周围。重复上述做法，制作数组叶片。

3. 按照步骤2的方法使用6号的6瓣花瓣切模制作数片叶片。用花艺胶带将一根22号的绿色花艺铁丝固定在叶片组合上，在铁丝上添加小的叶片使吊兰花枝达到理想的长度，然后用花艺胶带加以固定。

> **大师建议：**
>
> 要注意不要让花瓣的颜色和摆放的位置过于统一，否则整组吊兰会看起来不自然。

装饰性小花朵

可食用原材料

Squires Kitchen糖花膏：淡紫色

Squires Kitchen专业复配食用色粉：紫罗兰色

工器具

基本工具（见第8页）

花艺铁丝：绿色30号

圆锥和星形塑形工具：5号（PME品牌）

制作方法

1. 将淡紫色的糖花膏揉成一个小的水滴形，用尖头造型棒在圆的一端刺出一个深孔，然后用星形塑形工具在孔洞中按压出标记。按照标记将糖花膏剪开后将它们向外张开，然后将糖花膏头朝下放在工作台面上。

2. 使用骨形塑形工具将剪成5片的糖花膏分别向外扩展拉伸，做出花瓣的形状。将花朵面朝上，在花朵的中心处插入一根蘸有可食用胶水的、顶部带钩的30号绿色花艺铁丝并加以固定。用花艺胶带将几朵装饰性小花朵缠裹固定在一起，然后在花朵中心涂抹少许紫罗兰色色粉。

绣球花婚礼蛋糕

（六月）

可食用原材料

约36个底部带有装饰丝带的迷你蛋糕用于摆放在蛋糕架上。除此之外，要额外准备一些没有添加丝带装饰的迷你蛋糕用于招待宾客（见第108页）

Squires Kitchen皇家糖霜粉：白色1.7千克

将其中的1.45千克糖霜分份，分别添加少许紫罗兰、玫瑰、绣球花、黄水仙和冬青绿色液体食用色素将它们调染为：紫罗兰色250克、玫瑰粉色250克、绣球花色250克、黄仙花色250克和冬青绿色700克

Squires Kitchen翻糖膏：绿色，200克

Squires Kitchen糖花膏：冬青绿色

Squires Kitchen专业复配液体食用色素：黄水仙、冬青绿、绣球花、玫瑰、葡萄藤和紫罗兰

Squires Kitchen专业复配食用色粉：冬青绿、绣球花、玫瑰、葡萄藤和紫罗兰

工器具

基本工具（见第6~7页）

聚苯乙烯锥形模型：切割成底部直径5厘米，顶部直径7厘米，高6厘米的圆锥体

聚苯乙烯半球形：3个直径6厘米和2个直径5厘米

聚苯乙烯圆球：4个直径3厘米

裱花嘴：1号、2号、3号、5号、10号、14号、16号、67号、101s号和101号

花艺铁丝：绿色22号、26号、28号和30号

绣球花叶片切模：2号套装4厘米×6厘米（Sunflower Sugar Art品牌）

Squires Kitchen绣球花叶片纹路模

细砂纸

模板（见第195页）

圆形蛋糕架：

　　直径31厘米，高10厘米

　　直径26厘米，高9.5厘米

　　直径20厘米，高9厘米

花篮的制作方法

1. 用细砂纸将锥体聚苯乙烯模型直径5厘米的一面的边缘线打磨得圆润光滑，然后将这一面面朝上放在工作台上。在整个锥体的表面刷上一层纯净水，然后覆盖一层绿色的翻糖膏（见第33~34页）。将模型的两端先后放在模板上，然后用取食签分别在每一端上做出32个间隔均匀的标记。

大师建议：

　　要确保将锥体放在相同尺寸的模板圆环的正中心的位置上。

2. 要将锥体适度垫高，可以用取食签将厚度为1厘米、直径小于7厘米的聚苯乙烯圆盘固定在直径7厘米的锥体的底部，并确保取食签不会从聚苯乙烯中穿透。

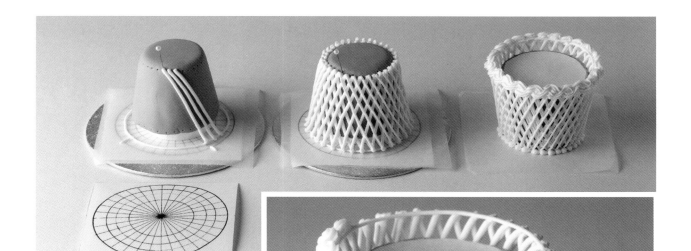

3. 将一张防油纸覆盖在模板上，然后用少许皇家糖霜固定好位置。将3号裱花嘴装入裱花袋，然后在袋中填充高硬度的皇家糖霜（见第25页）。按照模板的图形在防油纸上裱出一个直径8.5厘米的圆环的形状，在圆环的中心挤出少许皇家糖霜，然后将聚苯乙烯锥体直径7厘米的一面摆放在圆环正中心的位置，并固定好位置。用先前在圆锥体顶部标出的32个标记作为参照，确定好要开始裱饰的起点，然后在起点处插入一根经过消毒的大头针。

4. 在直径8.5厘米的皇家糖霜圆环上找到与大头针标示的位置垂直对应的点，然后向右数4个标记点：这是第一条裱饰的线条节点的位置。将5号裱花嘴装入裱花袋，然后在

袋中填充高硬度的皇家糖霜。用皇家糖霜从大头针的起点位置向底部的标记点裱出一条对角线，然后采用同样的方法绕聚苯乙烯圆锥体一圈共裱出32条平行的对角线。

5. 为了实现网篮纹理的装饰效果，再次以大头针标注的位置作为起点，以底部的第4个标记点为终点，环绕聚苯乙烯圆锥体一圈共裱出32条对角线，但这一次线条的走向是从右向左。

6. 将3号裱花嘴装入裱花袋，然后在袋中填充高硬度的皇家糖霜。采用同样的操作方法，先按照从左到右

再按照从右到左的顺序，环绕聚苯乙烯圆锥体一圈在第一层网篮纹理线条的上面分别裱出32条更细的线条，然后将网篮放置一旁晾干。

7. 待线条完全干燥后，将聚苯乙烯锥体上下两面对调，然后小心地取下防油纸。用3号裱花嘴在锥形网篮的底部裱出一圈珠串装饰，然后用16号裱花嘴在锥体顶部边线处裱一圈绳索形装饰线。待绳索形装饰线彻底干燥后，将步骤2中用于垫高圆锥体的聚苯乙烯圆盘移开。

绣球花的制作方法

8. 制作绣球花的底座时，先用细砂纸将直径6厘米和5厘米的聚苯乙烯半球的边缘打磨得圆润光滑。用花艺胶带将三根22号花艺铁丝缠裹固定在一起，注意在末端留空2厘米。将三根铁丝的末端分别向外弯折90°，并使它们等距离地朝向三个不同的方向。

9. 使用10号裱花嘴将大量的绿色皇家糖霜挤在聚苯乙烯半球的底部。将铁丝插入糖霜，然后将它放置一旁晾干。一只手握住铁丝，用另外一只手持抹刀，将绿色皇家糖霜涂满整个聚苯乙烯半球，再度将它放置一旁直到彻底干燥。

10. 在裱绣球花之前，先提前准备一些高硬度的皇家糖霜，并把它调染成需要的颜色。为了让绣球花呈现双色的效果，按下述操作方法用液体色素将两份糖霜分别调染为不同的颜色：

紫色绣球花： 准备紫色和粉紫色的皇家糖霜。裱花的时候，将裱花嘴装入裱花袋中，然后在袋中填入两种不同颜色的糖霜。

蓝色绣球花： 准备蓝色和粉紫色的皇家糖霜。使用方法同上。

白色绣球花： 准备浅奶油色和黄色/绿色的皇家糖霜。制作花芯时，要将两种颜色的糖霜装进一个裱花袋。裱装饰性的小花时则使用浅奶油色的糖霜。

粉色绣球花： 准备粉色的皇家糖霜。待花朵干燥后可以在上面涂抹少许紫色色粉。

更多关于裱花的操作方法可以参考29页的内容。

11. 将14号裱花嘴装入裱花袋，然后在袋中填充不同颜色的高硬度皇家糖霜（见步骤10）。先在聚苯乙烯底座的顶部裱出数个星形。将67号裱花嘴装入裱花袋，并在袋中填充同色的高硬度的皇家糖霜。在底座上面裱出多个四片花瓣的小花，直到将底座完全覆盖住。使用1号裱花嘴和同色的皇家糖霜在每朵小花上裱出花芯。当糖霜彻底干燥后，在其中的几朵花的花瓣上涂抹少许色粉。

叶片的制作方法

12. 将冬青色的糖花膏擀开，在中线处留出一个隆起用来插入铁丝，然后将隆起处两侧的糖膏再度擀薄。用绣球花叶片切模切出叶片的形状，将叶片放入绣球叶片纹路模中为其增添脉络。用尖头塑形工具柔化叶片边缘处的切痕，然后在叶片的隆起处插入一根28号的绿色花艺铁丝。在叶片上涂抹少许冬青色的色粉，然后用手指整理叶片的造型使它们看上去更加自然。最后将做好的叶片放置一旁晾干。

花球的制作方法

13. 用细砂纸将直径3厘米的聚苯乙烯球的底部磨平。用花艺胶带将三根26号的花艺铁丝缠裹固定在一起，注意在末端留空大约1厘米。将三根铁丝的末端分别向外弯折90°，并使它们等距离地朝向三个不同的方向。

14. 使用5号裱花嘴将绿色皇家糖霜挤在聚苯乙烯球底部的平面上。将铁丝插入糖霜，然后将它放置一旁晾干。一只手握住铁丝，用另

外一只手持抹刀，将绿色皇家糖霜涂满整个聚苯乙烯球，再度将它放置一旁直到彻底干燥。

15. 将101号的裱花嘴装入裱花袋，然后在袋中填充奶油色或是蓝色的高硬度的皇家糖霜。在裱花针上裱出多个4片花瓣的小花朵（见第29页），然后将它们放置一旁晾干。使用2号裱花嘴和绿色的皇家糖霜将小花分别黏合固定在聚苯乙烯圆球上，直到将整个球体完全覆盖住。为了实现顶层婚礼蛋糕的装饰效果，你需要制作2个奶油色的花球和2个蓝色的花球。在为花朵上色时，要在奶油色和蓝色的花朵上分别涂抹少许葡萄藤色和绣球蓝色的色粉。将少量的皇家糖霜调染成黄色，使用1号裱花嘴在奶油色的花朵上裱出花芯。采用同样方法使用1号裱花嘴和蓝色的皇家糖霜在蓝色花朵上也裱出花芯。

小花球的制作方法

16. 将冬青色的糖花膏揉成一个小的圆球形，将一根顶部带钩的30号绿色花艺铁丝插入糖膏球中，然后将它放置一旁晾干。将101号的裱

花嘴装入裱花袋，然后在袋中填充白色或是蓝色的高硬度皇家糖霜。在裱花针上裱出多个4瓣花瓣的小花朵，然后将它们放置一旁晾干。使用绿色的皇家糖霜将花朵分别黏合固定在糖膏球上，直到将整个球体完全覆盖住。最后用少许葡萄藤色和绣球蓝色的色粉分别为白色和蓝色的小花朵上色。

组装

17. 用花艺胶带将花茎缠裹固定在一起时，要在里面添加一根细的和一根粗的花艺铁丝进行加固，以便将花束或是花球插入到聚苯乙烯中。

18. 用竹签在聚苯乙烯网篮的顶部开几个孔，然后按照绣球花、大花球、小花球和叶片的顺序将花束和花球分别固定在网篮上作为装饰。

蛋糕架

19. 将蛋糕架对齐中心后叠放在一起，将迷你蛋糕分别摆放在中层和底层的蛋糕架上，然后将盛满绣球花的网篮摆放在顶层的蛋糕架上。

绣球花婚礼蛋糕

绣球花迷你蛋糕

可食用原材料

圆形迷你蛋糕（带有装饰丝带）：直径5厘米，高4厘米

Squires Kitchen翻糖膏：白色，每个蛋糕需要用40克

Squires Kitchen速溶混合皇家糖霜粉：每个蛋糕需要用50克

圆形迷你蛋糕（无装饰丝带）：直径5厘米，高3厘米

Squires Kitchen翻糖膏：白色，每个蛋糕需要用35克

Squires Kitchen速溶混合皇家糖霜粉：每个蛋糕需要用60克

无籽果酱或奶油霜

工器具

基本工具（见第6~7页）

丝带：2厘米宽，每个蛋糕需要用18厘米长

裱花嘴：1号和67号

带有装饰丝带的迷你蛋糕的装饰方法

1. 在每个迷你蛋糕上薄薄地涂抹一层果酱或奶油霜，然后用40克的白色翻糖膏将它覆盖起来，放置半天直到完全干燥。用少许皇家糖霜或可食用胶水将一条丝带固定在蛋糕的底部作为装饰。一只手握住蛋糕缠有丝带的部分，用另一只手用67号裱花嘴在蛋糕上裱出多个4瓣花瓣的小花（见第29页），直到将蛋糕从顶部到丝带的上方完全覆盖住。使用1号裱花嘴和同色的糖霜在花朵的中心处挤出小圆点作为花芯。

无装饰丝带的迷你蛋糕的装饰方法

2. 在每个迷你蛋糕上薄薄地涂抹一层果酱或奶油霜，然后用35克的白色翻糖膏将它覆盖起来，放置半天直到完全干燥。用皇家糖霜将一块防油纸黏合固定在一个大的裱花针的上面，然后将迷你蛋糕固定在防油纸上。使用67号裱花嘴在蛋糕上裱出多个4瓣花瓣的小花，直到将蛋糕完全覆盖住。将蛋糕和防油纸从裱花针上小心地移开，然后将迷你蛋糕装在盘中用于款待宾客。

> **大师建议：**
>
> 选用与丝带颜色相协调的糖霜进行装饰，可以获得更引人注目的视觉效果。
>
> 因为糖霜在干燥后会变得很硬，你也可以用奶油霜代替皇家糖霜在蛋糕上进行裱花装饰，见第21页。

夏日风情婚礼蛋糕

（七月）

可食用原材料

3个圆形蛋糕

底层蛋糕：直径20厘米，高15厘米

中层蛋糕：直径18厘米，高12厘米

顶层蛋糕：直径15厘米，高12厘米

Squires Kitchen杏仁膏：1.95千克

Squires Kitchen翻糖膏：白色，1.95千克

Squires Kitchen糖花膏：白色，50克

Squires Kitchen速溶混合皇家糖霜粉：白色，300克

Squires Kitchen设计师系列珠光食用色粉：白缎

Squires Kitchen设计师系列金属荧光食用色粉：经典金色、银色

Squires Kitchen可食用胶水

Squires Kitchen金箔片

无色透明酒精

工器具

基本工具（见第6~7页）

圆形蛋糕托板：直径20.5厘米、18厘米和15厘米

圆形亚克力板：直径45厘米、35厘米、30厘米和25.5厘米

5片花瓣切模：F10（Orchard品牌）

Squires Kitchen多用花瓣切模套装2：

1号：2厘米×3厘米

2号：1.5厘米×2厘米

0号裱花嘴

用于装饰的花朵类型

洋桔梗花、玫瑰花、马缨丹花和豌豆花（见第116~123页）

蛋糕包面的方法

1. 将蛋糕放在尺寸相同的蛋糕托板上。分别用850克／600克／500克杏仁膏和白色翻糖膏为三层蛋糕进行包面（见第30~34页）。将蛋糕放置一天，干燥之后在底层和中间层中插入蛋糕支撑杆（见第38页）。

蛋糕侧边的装饰

2. 在蛋糕顶部各画一个十字形将3层蛋糕分别分成四等份。将每条十字线都延伸到蛋糕的侧面，并画好标记。在两条标记线之间画一个V字形，并用尖头塑形工具强化这一线条：这些线条将作为花朵的花茎。延着蛋糕侧面重复这个动作，把所有标记都进行处理。

3. 使用多用花瓣切模在翻糖皮上印出叶片的形状：注意与中间的叶柄保持合理的间距，从而体现自然生长的状态。用尖头塑形工具在叶片上画出叶脉的纹路。

4. 使用5瓣花瓣的切模在翻糖皮上印出花朵的形状。用骨形塑形工具在花朵的中心处按压出凹痕。注意确认蛋糕的正面，印在蛋糕上的凹痕将是粘贴装饰性甲虫的位置。

立体图案的裱饰方法

5. 使用白色皇家糖霜和0号裱花嘴在花茎和叶脉的位置上挤出线条，从而使图案看上去更为立体。在花瓣的周围挤出一圈小圆点作为装饰。将蛋糕放置一旁晾干，待糖霜干燥后，在糖霜上涂抹少许白色珠光色粉。

小型花朵的制作方法

6. 将少量的白色的糖花膏擀薄，然后用切模切出5瓣花瓣的花朵。在花朵上涂抹少许白色珠光色粉，然后用骨形塑形工具在中心处轻轻按压，使花朵形成半球形。使用可

食用胶水将还未完全干透的花朵黏合在经糖霜裱饰的花朵轮廓的中心处。在花芯处涂抹少许金色色粉，然后用白色蛋白糖霜在中心挤一个圆点，待干燥后在圆点上涂抹少许白色珠光色粉。

装饰性甲壳虫的制作方法

7. 制作甲壳虫的躯干时，将少量翻糖膏做成2.5厘米×1.2厘米的圆柱形，然后用尖头塑形工具在躯干的中线处压出一条直线。制作甲壳虫的头部时，另取少量翻糖膏做成2厘米×1厘米的圆柱形，然后将一端揉成约1厘米长的尖头。

8. 将少量的糖花膏在不粘擀板上揉成6个1.8厘米的细长的香肠形作为甲壳虫的腿部。用可食用胶水将甲壳虫的身体和头部粘贴到蛋糕正面的凹痕处。用球形工具在躯干的两侧各压出3个小的凹痕，然后将6条腿分别粘在凹痕处。

9. 在银色色粉中添加几滴无色透明酒精并混合均匀，然后将混合色素涂抹在甲壳虫上面。将一片金箔粘在

甲壳虫上，用干燥的软笔刷轻轻向下按压使其贴合。

蛋糕的组合方法

大师建议：

当你用花束环绕着蛋糕进行装饰时，要将每层蛋糕放在高约20.5厘米的架子上，蛋糕架的直径也要比亚克力板稍大一些。

10. 按照第118～123页的方法制作好装饰用花束。使用蛋白糖霜将蛋糕黏合固定在亚克力板的中心位置。制作数个A、B、C型的花环（见第123页），用透明胶带把它们黏合在35厘米的亚克力板上。将A和C型的花环分别黏合在30.5厘米和25厘米的亚克力板上，然后将玫瑰花束固定在顶层蛋糕上。

11. 在45厘米的圆形亚克力板上放一个23厘米高的花瓶，然后小心地将蛋糕一层一层叠放组合在一起。

夏日迷你蛋糕

可食用原材料

圆形蛋糕：直径10厘米，高10厘米

Squires Kitchen杏仁膏：每个蛋糕250克

Squires Kitchen翻糖膏：白色，每个蛋糕250克

Squires Kitchen糖花膏：白色，每个蛋糕5克

工器具

基本工具（见第6~7页）

直径10厘米的蛋糕纸托卡：每个蛋糕1个

缎带：奶油色，1.5厘米宽，40厘米长（其他的可食用原材料和工具请参考夏日风情婚礼蛋糕）

这些迷你款的夏日风情蛋糕和婚礼主蛋糕使用的原材料是相同的。这款小蛋糕比较适合小型的婚庆典礼上或者在婚礼庆典结束之后作为招待来宾的伴手礼。

大师建议：

在使用花朵对蛋糕进行修饰的时候要尽量避免对精美易碎的皇家糖霜造成损坏，尽量将花朵摆放在蛋糕周围而不是直接放在蛋糕的上面，或者先把花束摆放在烘焙用透明玻璃纸上，然后再将纸摆放在蛋糕的顶部。

1. 使用少量的蛋白糖霜将蛋糕黏合固定在蛋糕纸托卡上。分别用250克的杏仁膏和白色翻糖膏为蛋糕进行包面。将蛋糕的顶部3等分，然后用经过消毒的大头针在蛋糕边缘处的三个点上做出标记。

2. 用尖头塑形工具沿着标记在蛋糕侧边画出垂直的线条。使用多用花瓣切模在翻糖皮上印出叶片的形状：注意与中间的叶柄保持合理的间距。用5瓣花瓣的切模在擀薄的糖花膏上切出花朵的形状，然后用可食用胶水将花朵黏合在叶片的两侧。

3. 采用与婚礼主蛋糕相同的装饰方法用蛋白糖霜在小蛋糕上挤出具有浮雕效果的立体图案。将奶油色的缎带缠绕固定在小蛋糕的底部，并用少量的蛋白糖霜将缎带的两端粘牢。最后将小号的花束放在蛋糕的顶部作为装饰。

重瓣洋桔梗花

可食用原材料

Squires Kitchen糖花膏：奶油色、浅绿色、浅黄色

Squires Kitchen设计师系列花蕊食用色粉：青苹果绿、浅黄色

Squires Kitchen设计师系列珠光食用色粉：白缎

Squires Kitchen专业复配食用着色粉：葡萄藤

Squires Kitchen可食用胶水

工器具

基本工具（见第8页）

Squires Kitchen多用花瓣切模套装2：

　3号：3.5厘米×6厘米

　5号：2.5厘米×4厘米

花艺胶带：绿色（1/2宽幅）

花艺铁丝：绿色，24和30号；白色，30号

镊子

花芯的制作方法

1. 制作洋桔梗花的雌蕊时，将浅绿色的糖花膏揉成米粒的形状，水平摆放，然后将带钩的30号绿色花艺铁丝插入糖膏的底部。用镊子在糖膏的中心位置夹出一个印痕，然后放置一旁晾干。在雌蕊上涂抹少许可食用胶水后蘸上青苹果色的花蕊色粉。

2. 将少量浅绿色的糖花膏揉成1厘米长的橄榄球形。将它穿入铁丝后固定在米粒形糖膏下方1厘米的位置，放置一旁晾干。

3. 将浅黄色的糖花膏揉成6个小米粒的形状，分别插入30号的绿色糖艺铁丝，然后放置一旁晾干。待干燥后在糖膏上涂抹少许可食用胶水，然后蘸上浅黄色的花蕊色粉。

4. 将6条雄蕊围绕着雌蕊确定好位置，然后用花艺胶带将它们固定在一起。

花瓣的制作方法

5. 制作内层的花瓣时，先将奶油色的糖花膏擀薄，然后用5号多用花瓣切模切出5片花瓣。用竹签在糖膏上按压出脉络，然后用骨形塑形工具在边缘处擀出波浪纹。在花瓣上涂抹少许白缎珠光和葡萄藤的混合色粉。用手指调整花瓣的弧度，使它看起来更为生动自然。待花瓣处于半干的状态时沿着逆时针方向将花瓣粘在花芯的外围。

大师建议：

要把花瓣贴紧粘牢，避免因花瓣散开而破坏整个花形。

6. 制作外侧花瓣时，将奶油色的糖花膏擀开后在中间插入一根30号的白色花艺铁丝，围绕着铁丝将糖膏再次擀薄。用5号多用花瓣切模切出5片花瓣，然后采用步骤5的方法为花瓣造型并上色。采用略为宽松的方式将外侧花瓣黏合在内侧花瓣的外围，然后用花艺胶带将它们捆紧。将花朵用铝箔纸包裹起来并放置一旁干燥定形（见第189页）。

7. 取一条6厘米长的花艺胶带，将一端剪出一个尖角，将胶带拉伸开以释放其中的胶质，将胶带的尖的一头捻成一个细长的针形，然后用可食用胶水将它黏合在花瓣的背面。采用同样的方法在每一片花瓣的背面都黏合一条胶带作为花萼。最后用另一条花艺胶带将花朵的颈部缠裹固定好。

花蕾的制作方法

8. 将奶油色的糖花膏揉成一个小水滴形，插入一根顶端带钩的24号绿色糖艺铁丝，然后将它放置一旁晾干。

9. 将奶油色的糖花膏擀薄，用3号多用花瓣切模切出5片花瓣。用尖头造型棒再次将花瓣擀薄，然后将它包裹黏合在水滴形花芯的外围。采用同样的方法再制作4片花瓣。在每片花瓣的一侧涂抹少许可食用胶水，然后将它们分别黏合在花芯外围。用手指调整花瓣外翻的弧度，使它们看起来得更加自然。

10. 根据步骤8和步骤9的方法制作并添加外层的花瓣，然后将由花艺胶带制成的花萼黏合固定在花朵的底部（见步骤7）。

玫瑰花

可食用原材料

Squires Kitchen糖花膏：奶油色或是白色、冬青绿色

Squires Kitchen设计师系列珠光食用色粉：白缎

Squires Kitchen可食用胶水

工器具

基本工具（见第8页）

泡沫聚苯乙烯玫瑰花蕾：直径2.8厘米

花艺铁丝：绿色，22号

花艺胶带：绿色

Squires Kitchen多用玫瑰花瓣切模套装1：

    3号：直径3.3厘米

    4号：直径4.2厘米

    5号：直径4.8厘米

中号花萼切模4.4厘米

大师建议：

你也可以用糖花膏制作花芯，但泡沫聚苯乙烯玫瑰花蕾的重量更轻。

一定要在花朵的底部涂抹可食用用胶水，使它与铁丝黏合得更为牢固。

玫瑰花的制作方法

1. 在22号花艺铁丝顶端弯一个钩形，蘸少许可食用糖胶水后插入到泡沫聚苯乙烯玫瑰花蕾的中部，将铁丝固定在居中的位置后放置在一旁晾干。

2. 轻揉糖花膏直至平滑柔韧，在防粘板上轻洒少量玉米淀粉或是涂抹少量植物脂肪以防止粘黏，将奶油色糖花膏擀至纸张薄厚呈半透明状态，用3号玫瑰切模切出花瓣的形状。将花瓣翻面，然后使用4号切模的圆弧边从底部的2厘米处将花瓣切分为两半。在泡沫聚苯乙烯玫瑰花蕾的顶部涂抹少许可食用胶水，然后用切好的上半部花瓣将花

蕾包裹住，注意不要留有缝隙。

大师建议：

使用带有弧度的切模切除第一片花瓣的底部，然后用它包裹花芯，这样会更为贴合，不容易出现缝隙。

3. 使用3号切模切出另外2片花瓣，将花瓣放在泡沫垫上，然后用球形花棒顺着花瓣的弧线轻轻地擀压。用软毛刷在花瓣上涂抹少许白缎珠光色粉。将2片花瓣按交叉重叠的顺序先后包裹住花蕾，位置略高于第一片花瓣。

4. 使用同一个3号切模再次切出3片花瓣，采用步骤3的方法柔化花瓣的切痕并刷上色粉。采用半重叠的方式将花瓣用可食用胶水固定在花蕾上，位置略高于第二层花瓣。

5. 使用4号切模切出3片花瓣，用同样的方法将它们固定在花苞上，注意将花瓣调整为半开放的状态。

6. 使用5号切模切出3片花瓣，用压纹棒在花瓣上轻轻擀压，再用球形塑形工具柔化边缘的切痕。将花瓣翻面后用竹签将花瓣的边缘向外翻卷，调整好造型后放在一边，待花瓣处于半干的状态时在上面涂抹一层白缎色粉，然后将花瓣依次黏合在花苞上，位置略低于前面的一层花瓣。

7. 用5号切模再次切出5片花瓣，重复步骤6的做法，以半重叠的方式将花瓣黏合在花朵的底部。

8. 将冬青色糖花膏擀薄，用切模切出花萼的形状，使用骨形塑形工具将花萼从内向外拉伸，然后在萼片边缘剪出毛刺。为花萼赠添一些自然的弧度，可以用球形塑形工具将花萼的尖端向中心的方向拉伸。将花萼翻面，在中心的部分涂抹少许可食用胶水，将玫瑰花的铁丝穿过花萼后将花萼黏合固定在花朵的底部。用绿色花艺胶带将铁丝缠裹好。用冬青色的糖花膏揉一个大小适中的圆球形，涂抹少许可食用胶水后将它固定在花萼下面形成一个玫瑰果的逼真造型。

玫瑰花蕾的制作方法

9. 制作玫瑰花蕾时，可以遵循玫瑰花的制作步骤，但只要在花芯上添加9片花瓣即可。最后为玫瑰花蕾添加花萼和玫瑰果。

大师建议：

我们可以根据添加花瓣的数量来改变花蕾的大小。

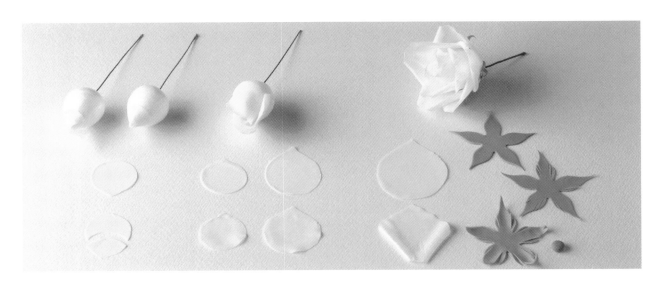

蝴蝶姜花

可食用原材料

Squires Kitchen糖花膏：白色

Squires Kitchen设计师系列珠光食用色粉：白缎

Squires Kitchen专业复配食用着色粉：板栗棕和葡萄藤

Squires Kitchen可食用胶水

工器具

基本工具（见第8页）

花艺铁丝：白色，30号

花艺胶带：白色（1/2宽幅）

纸质花瓣模板：A型和B型（见第194页）

> **大师建议：**
>
> 　　在完全干燥之前就要用花艺胶带将花朵的各个组成部分组合固定在一起，因为这时糖膏还会有一定的柔韧性。

雌蕊

1. 将白色糖花膏揉成一个小圆球，然后插入一根涂有少许可食用胶水的30号的白色花艺铁丝。将插有铁丝的圆球放在不粘擀板上，用手指将它搓成约5厘米长的细长的香肠形。使用尖头塑形工具将糖膏的一端压薄后弯成45°。在弯折的部分涂抹少许板栗棕和葡萄藤的混合色粉，然后在直的茎秆部分涂抹白色珠光色粉。

花瓣

2. 将白色的糖花膏擀薄，并在中心处留出一个隆起。将模板A摆放在糖膏上，模板的中线与隆起对齐后用轮刀按照模板的轮廓切出花瓣的形状。在花瓣中间的隆起处插入一根涂有少许可食用胶水的30号花艺铁丝。将模板反过来，用相同的方法再制作一个对称的花瓣。

3. 用竹签在花瓣上擀压，添加脉络的

效果。使用骨形塑形工具在花瓣边缘线上压出波浪纹，然后在花瓣上涂抹少许白色珠光色粉。重复上述步骤共制作4片花瓣。将雌蕊放在对称的花瓣之间，然后用花艺胶带将它们缠绕固定在一起。

4. 遵循步骤2和步骤3，用模板B制作2片花瓣。将两片花瓣放在雌蕊下面的位置，然后用白色的花艺胶带将它们缠裹固定在一起。

雄蕊

5. 将白色糖花膏揉成2个细长的香肠的形状，然后插入一根涂有少许可食用胶水的30号的白色花艺铁丝。用尖头造型棒将铁丝两侧的糖膏擀薄，用轮刀将糖膏切成5～6厘米长的小段作为雄蕊。用手指将雄蕊的尖端扭转一下，然后在上面涂抹少许白色珠光和葡萄藤色的混合色粉。将花蕊摆放在花朵后部的位置，然后用花艺胶带将它们固定在一起。

马缨丹花

可食用原材料

Squires Kitchen糖花膏：冬青色和白色

Squires Kitchen专业复配食用着色粉：冬青色和白色

Squires Kitchen可食用胶水

Squires Kitchen糖果光泽剂

工器具

基本工具（见第8页）

花艺铁丝：绿色，22、24、26和30号

花艺胶带：绿色（1/2宽幅）

花芯

1. 将白色糖花膏揉成一个小圆球，然后插入一根涂有少许可食用胶水的30号绿色花艺铁丝作为花芯。

2. 用拇指和食指将少许白色糖花膏搓成细长的条形，然后将它切成两半。用尖头塑形工具在每个长条形上画一条中线。制作5～6个这样的细长的香肠形，然后用花艺胶带把它们捆绑固定在一起。

小型花朵

3. 根据第99页英国玫瑰婚礼蛋糕章节中的制作步骤来制作小花朵。但是这里要用白色的糖花膏，并且要在上面剪出4个细长的切口。将2～6朵小花环绕在花芯的周围，然后用花艺胶带将它们固定在一起。

浆果

4. 将冬青色的糖花膏揉成小圆球的形状，然后插入一根带钩的26号花艺铁丝。用取食签在圆球形糖膏的表面扎出数个小洞，然后放置一旁晾干。将冬青色的糖花膏揉成细长的香肠形后再切成小块，然后分别揉成微小的圆球形。用可食用胶水将这些小圆球黏合在糖膏表面的孔洞

上，待干燥之后在上面涂抹一层糖果光泽剂。

叶片（根据花束的设计需要自选）

5. 将少量的冬青色的糖花膏擀开，在中间的隆起处插入一根30号的绿色花艺铁丝，然后将它进一步擀薄。用轮刀切出叶片的形状，用尖头塑形工具在上面划出纹路，然后涂抹少许葡萄藤色的色粉。待叶片干燥后再涂抹一层糖膏光泽剂。用花艺胶带将4～5片叶片交替性地添加并固定在24号花艺铁丝上。

组装

6. 取一根22号的绿色花艺铁丝，先用花艺胶带将浆果固定在上面，然后将花朵添加上去。如果你喜欢，你也可以用花艺胶带将制作好的叶片固定到花茎上。

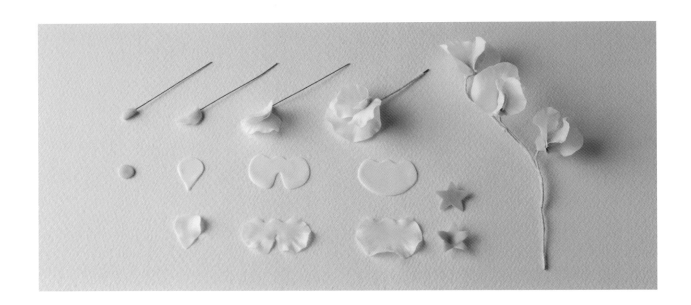

甜豌豆花

可食用原材料

Squires Kitchen糖花膏：奶油色和浅绿色

Squires Kitchen专业复配食用着色粉：葡萄藤

Squires Kitchen可食用胶水

工器具

基本工具（见第8页）

甜豌豆花瓣切模套装

花艺铁丝：绿色，24、26和32号

花艺胶带：浅绿色（1/2宽幅）

1. 将浅绿色的糖花膏揉成一个小的圆球形，然后用大拇指和食指将它捏成一个扁平的圆片。在中心处插入一根26号的花艺铁丝，然后将糖膏对折成一半大小，放置一旁晾干。

2. 将少量奶油色的糖花膏擀薄，用玫瑰花瓣切模切出形状。用骨形塑形工具柔化花瓣的边缘线，然后将花瓣黏合固定在半球形糖膏的后面。用剪刀修整造型，然后用镊子将颈部的铁丝略稍向前弯折。

3. 将奶油色的糖花膏擀薄，用甜豌豆花瓣切模切出内侧和外侧的花瓣的形状。先用竹签在花瓣上进行擀压，为花瓣添加脉络纹路，然后用骨形塑形工具在边缘线压出波浪纹。 使用可食用胶水将内侧的花瓣黏合在第一片花瓣的后面，然后将它放置一旁晾干。待干燥后将外侧的花瓣粘贴在内侧花瓣的后面，用

手指将花朵修饰得更为自然，然后用浅绿色的花艺胶带将铁丝缠绕固定好。

4. 另取少许浅绿色的糖花膏揉成一个小的圆球形，用大拇指和食指将它捏成一个扁平的圆片。将糖膏压进海绵垫上的小号的圆洞中，然后将中间突起处周围的糖膏擀薄。用切模切出星形的形状。将星形糖膏放在不粘擀板上，然后用骨形塑形工具在中心处向下按压形成半球形。将星形边缘的切痕整理平滑，然后从下方插入一根花艺铁丝。最后将星形固定在花朵的底部作为花萼。

5. 使用花艺胶带将2～3朵甜豌豆花分别缠裹固定在24号的花艺铁丝上。将一根32号的细铁丝缠绕在竹签上弯曲定形，将铁丝从竹签上取下，用花艺胶带将铁丝和花茎固定在一起。

花束的组合方法

工器具

旱叶草和人造叶片

花艺胶带：绿色（整幅）

大师建议：

当把各种花朵组合成花束时，将干燥的叶片添加在糖花之间可以降低花朵损坏的可能性。

1. 当组合花束A时，用花艺胶带将马缨丹花和重瓣洋桔梗花组合在一起，并用人造叶片填补花朵之间的缝隙。最后在花束中加入一支长茎的人造叶片，并用花艺胶带它们缠裹固定在一起。

2. 当组合花束B时，将花朵按照如下顺序排列：甜豌豆花、玫瑰花蕾、玫瑰花和蝴蝶姜花，然后用人造叶片填补花朵之间的缝隙，最后用花艺胶带将它们缠裹固定在一起。

3. 当组合花束C时，将花朵按照如下顺序排列：玫瑰花蕾、玫瑰花和蝴蝶姜花，然后用人造叶片填补花朵之间的缝隙，最后用花艺胶带将它们缠裹固定在一起。

4. 按照需要制作足够装饰3层蛋糕的花束。把花朵摆在蛋糕周围而不是摆在蛋糕上面可以避免花朵与蛋糕直接接触。或者也可以把花束放在烘焙用透明玻璃纸上，然后再把纸放在每个蛋糕的顶部。

热带风情婚礼蛋糕

（八月）

可食用原材料

2个圆形蛋糕：

底层蛋糕：直径25.5厘米，高15厘米

顶层蛋糕：直径15厘米，高11厘米

Squires Kitchen杏仁膏：2千克

Squires Kitchen翻糖膏：白色，2.9千克

Squires Kitchen速溶混合皇家糖霜粉：500克；其中150克调染为深绿（冬青色/常春藤色）；150克调染为绿色（冬青和薄荷）；200克调染为明黄色（黄水仙）

葡萄糖/玉米糖浆（见第25页）

Squires Kitchen专业食用着色膏：黄水仙（明黄色）、冬青色/常春藤色、薄荷绿（圣诞绿）、葡萄藤

Squires Kitchen专业食用着色粉：薄荷绿（圣诞绿）、葡萄藤

无色透明酒精

工器具

基本工具（见第6~7页）

圆形蛋糕托板（厚）：2个直径20.5厘米；1个直径33厘米

圆形蛋糕托板：直径15厘米和25.5厘米

圆形蛋糕卡片：直径10厘米和20.5厘米

深绿色的缎带：2.5厘米宽，2.3米长；1.5厘米宽，1.1米长

糖艺铁丝：绿色20号

花艺胶带：绿色

长柄尖头镊子

烘焙用透明玻璃纸（或裱花袋配2号裱花嘴）

十字形丙烯酸支柱：直径15.5厘米，高16.5厘米

圆形蛋糕架，至少15.5厘米高

3个花托

装饰

蝴蝶兰花和金蝶兰花（见第130页和第133页）

大师建议：

开始制作前，可以先在一片擀开的备用糖膏上画出浅绿色的棕榈叶片作为蛋糕装饰的参考模板。

蛋糕托板的装饰方法

1. 用900克白色糖膏覆盖蛋糕托板（见第35页）然后放置数日直至完全干燥。将1.5厘米宽的深绿色缎带黏合在托板的侧边。

2. 分别在葡萄藤和薄荷的色粉中加入数滴无色透明酒精并混合均匀，然后用圆头的笔刷在覆盖好的蛋糕托板上绘制棕榈叶片的图案。从蛋糕托板的中心为起点然后逐渐向外画。先用葡萄藤绿绘制6片棕榈叶（参考第127页中的蛋糕图）然后采用叠色的方式用薄荷绿色重新描画棕榈叶的图案，从而为叶片增加层次感。

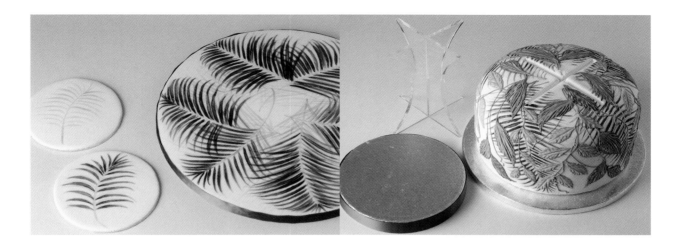

3. 用无毒胶棒将两个20.5厘米的蛋糕托板黏合在一起，然后将一条2.5厘米宽的深绿色缎带粘在托板的侧边作为装饰。用调制好的皇家蛋白糖霜将这两个蛋糕托板黏合固定在20.5厘米蛋糕托板的中心位置。

底层蛋糕

4. 用尖刀将蛋糕的表面削平，然后将一个直径20.5厘米的蛋糕卡片放在蛋糕顶部的中心位置。在蛋糕侧边以5厘米为间距各插入一根取食签，插入的高度距离蛋糕顶部大约3厘米。以蛋糕卡片的边缘线和取食签的位置为参考，用尖刀将蛋糕的顶部削成一个半球形。去除蛋糕卡片和取食签，然后用蛋白糖霜将蛋糕固定在25.5厘米的蛋糕托板上。

5. 先后用1.5千克的杏仁膏和白色翻糖膏为蛋糕包面（见第30～34页），然后放置一天晾干。用一根取食签在蛋糕顶部做出5个标记：1个在蛋糕的正中心，然后在距离中心点6厘米的距离以对角的方式做出另外的4个标记，最后将这5个点连成一个十字形。在蛋糕上做标记的参考内容见第37页。

6. 在蛋糕的5个标记处各插入一根蛋糕支撑杆，并将它们裁到合适的高度（见第38页）。蛋糕支撑杆的高度应该略高于蛋糕本身，但不要超过糖皮的高度。将十字形的丙烯酸支柱放在蛋糕上，然后向下按压，直到接触到蛋糕支撑杆并在糖皮上留下印痕。取开十字支柱，放在一旁待用。

7. 采用与步骤2相同的方法在蛋糕上绘制棕榈叶的图案，然后按照下文的描述，用皇家糖霜在蛋糕上裱出热带植物叶片的形状。将蛋糕放置一旁隔夜晾干。

8. 待糖霜干燥后，将2.5厘米宽的深绿色缎带缠绕固定在蛋糕的底部，然后用皇家糖霜将蛋糕黏合固定在15厘米的蛋糕托板的中心位置。

使用皇家糖霜
裱叶片图案的方法

9. 运用复合色膏将已经适量添加葡萄糖浆的皇家糖霜分别调染为深绿色、绿色和黄色，然后在两层蛋糕上裱出棕榈叶片的图案（见下文）。有关糖霜染色方法的介绍，请参考第134页的叶片曲奇制作方法的相关内容。

大师建议：

如果裱制花茎的蛋白糖霜太软的话，可以在其中加入适量糖粉直到达到合适的黏稠度。

10. 采用从蛋糕顶部开始，然后逐步向下的次序，用尖头塑形工具在蛋糕表面的糖皮上划出几个叶柄的形状。在叶柄的两侧绘制一些小的叶片，然后用大的叶片来填补间隙，让整体设计的视觉效果更加平衡。重复第124页步骤2的方法，在蛋糕上绘出棕榈叶的图案。

11. 使用烘焙用透明玻璃纸制作一个裱花袋，或是在纸质裱花袋中装入2号裱花嘴，然后将绿色的糖霜装入裱花袋内。沿着糖皮上的标记线裱出叶柄的轮廓。参照第134页曲奇饼干A的第1～3步操作，在叶柄的两侧裱出小的叶片。参照曲奇饼干B的第1～3步操作，裱出大叶片的形状。最后使用2号裱花嘴和绿色糖霜在叶柄上面裱出藤蔓的线条。

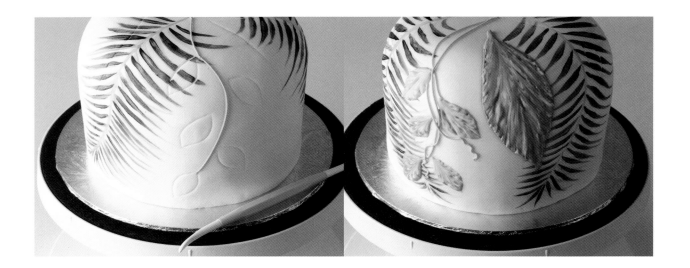

顶层蛋糕

12. 用尖刀将小号蛋糕的表面削平。然后将一个直径10厘米的蛋糕卡片放在蛋糕顶部的中心位置。重复步骤4的方法将蛋糕的顶部削成一个半球形。用蛋白糖霜将15厘米的蛋糕固定在相同尺寸的蛋糕托板上。先后用500克杏仁膏和500克白色翻糖膏为蛋糕包面覆盖。将蛋糕放置一天直到干燥，然后在蛋糕背面插入三个花托。

13. 将蛋糕的表面分成三等份，并在三个点上做出标记。重复之前的做法在蛋糕的三个部分上描绘和装裱热带植物叶片的图案。待糖霜干燥后，将2.5厘米宽的绿色缎带缠绕粘贴在蛋糕底部。

14. 参照第130～133页的方法为顶层蛋糕制作兰花作为装饰。用绿色花艺胶带将三朵蝴蝶兰花的花茎缠裹固定在一起，注意将花茎较长的一朵兰花放在中间。准备两

支长茎的金蝶兰花和几根短茎的金蝶兰花。用20号糖艺铁丝制作几根U形别针。

15. 将蛋糕摆放在和丙烯酸支柱高度相同或略高的蛋糕支架上，然后用兰花花束对蛋糕进行装饰（关于如何在蛋糕上固定大型花束的方法见第191页）。固定花束时要注意使蛋糕表面受力均匀，这样可以增加其稳定性。使用2～3个U形针将兰花的花茎固定在一起，将2支长茎的金蝶兰花分别摆放在花束的两侧，然后加入其他短茎的金蝶兰，待达到满意的装饰效果后将整个花束固定在花托中。

双层蛋糕的组装方法

16. 将丙烯酸支柱摆放在底层蛋糕顶部的十字形标记处，然后将顶层蛋糕和蛋糕托板放在支柱上面。将三只蝴蝶兰花用绿色的花艺胶带缠裹固定在一起，然后放在底层蛋糕上作为装饰。

热带风情婚礼蛋糕

蝴蝶兰花

可食用原材料

Squires Kitchen糖花膏：淡黄色、淡粉色和白色

Squires Kitchen专业复配食用着色膏：圣诞红和玫瑰

Squires Kitchen专业食用着色粉：仙客来（酒红色）、黄水仙（黄色）、圣诞红、玫瑰和葡萄藤绿色

Squires Kitchen设计师系列珠光食用色粉：白缎

Squires Kitchen可食用胶水

无色透明酒精

工器具

基本工具（见第8页）

花艺铁丝：白色30和24号；绿色20号

Tinkertech品牌的蝴蝶兰切模：兰花唇瓣 4.5厘米×5厘米

尖头塑形工具

花艺胶带：白色和绿色（1/2宽幅）

棉线：红色

镊子

花瓣和萼片的模板图（见第195页）

大师建议：

除了唇瓣之外，要在每片花瓣仍处于半干的状态时使用花艺胶带将它们组合在一起，这样最终完成的花朵才不容易变形。

准备工作

1. 准备3种深浅不同的粉色糖花膏
   深粉色： 在淡粉色糖花膏中添加少许玫瑰色色膏并混合均匀；
   粉红色： 在淡粉色糖花膏中添加少许圣诞红色色膏并混合均匀；
   浅粉色： 在淡粉色糖花膏中添加少许白色糖花膏并混合均匀。

2. 制作深粉色和浅粉色蝴蝶兰花需要使用以下糖花膏和色粉：
   深粉色蝴蝶兰： 使用深粉色糖花膏制作花瓣和萼片，然后用玫瑰和圣诞红色粉上色。使用粉红色糖花膏制作唇瓣，然后用圣诞红色粉为其上色。
   浅粉色蝴蝶兰： 使用浅粉色糖花膏制作花瓣和萼片，然后用玫瑰色粉和白缎珠光色粉上色。使用深粉色糖花膏制作唇瓣，然后用圣诞红色粉为其上色。

唇瓣

3. 在一根红色的棉线上涂抹可食用胶水后放置一旁晾干。待完全干燥后剪为4厘米长，然后用手指将它折成曲线形。

4. 将选定的糖花膏擀薄，注意在中线处预留出3/4长度的隆起以备插入铁丝。使用蝴蝶兰唇瓣切模切出形状，注意隆起的部分位置居中。用尖头塑形工具在边缘处轻轻划动以柔化切痕。

5. 将圆弧形的一端切为水平的直线，然后将30号白色花艺铁丝小心地插入隆起处。将唇瓣翻面然后使用圣诞红色粉为其上色。注意上色的这一面是唇瓣的外面。

6. 将唇瓣的尾端提起来，在糖膏与铁丝的接触点的位置用镊子将铁丝折

成90°。接下来在距糖膏与铁丝的接触点靠下3毫米的位置用镊子将铁丝向后弯折180°。将少许白色的糖花膏揉成一个小圆球，然后将它粘在铁丝的弯折处。

7. 在唇瓣的中心涂抹黄水仙（明黄色）色粉为其上色，然后将一个小的浅黄色的糖膏球粘在上面。在仙客来（酒红色）的色粉中滴入无色透明酒精后混合均匀，使用细笔刷在唇瓣的中心和边缘处描画数个小圆点。在靠近唇瓣顶端1厘米处涂抹少许可食用胶水，然后将步骤3中准备好的棉线黏合在中间，用手指调整唇瓣尖端使两侧的边缘略微向外翻卷。从下方轻捏唇瓣的中心处使其定形，然后用手指将唇瓣两侧的花瓣向中心推动形成圆弧形。用纸巾制作一个纸环作为唇瓣的支撑，然后放置一旁晾干定形。

侧边的花瓣

8. 将选定的糖花膏擀薄，在中线处预留出隆起的部分以备插入铁丝。使用压纹塑形工具为花瓣的正反两面添加纹路。用小滚轮切刀遵照花瓣模板的尺寸切出花瓣的形状，注意隆起的部分位置居中。将模板翻面切出另外一个与之对称的花瓣。将30号白色花艺铁丝小心地插入隆起处，然后用尖头塑形工具在花瓣的边缘处轻轻划动以柔化切痕。使用色粉为花瓣上色。

9. 用手指将花瓣顶部的尖端向内弯成弧形，用白色的花艺胶带将两片花瓣对称缠裹组合在一起。将已经干燥定形的兰花唇瓣摆放在两片花瓣的中心位置，然后用白色胶带将它们缠裹在一起。

花萼

10. 将选定的糖花膏擀薄，在中线处预留出隆起的部分以备插入铁丝。用小滚轮切刀遵照花萼模板的尺寸切出1个A和2个B的形状，注意隆起的部分位置居中。将30号白色花艺铁丝小心地插入隆起处，然后用尖头塑形工具在插有铁丝的隆起处的两侧轻轻地划出1条纹路线。用尖头塑形工具在花瓣的边缘处轻轻划动以柔化切痕。使用色粉为花瓣上色。将花萼A用胶带固定在侧边花瓣交接处中间的位置，然后将2片花萼B分别用胶带固定在兰花的左右两侧略微靠下的位置。

11. 将同色的糖花膏揉成一个小圆球，穿过铁丝上推到兰花的底部并用食用胶水固定好位置。

花蕾

12. 将选定的糖花膏揉成一个大的水滴形，在24号的白色花艺铁丝的顶端弯一个小钩，蘸取少许可食用糖胶水后将铁丝插入到水滴形糖膏的底部，然后放置一旁晾干。

13. 将另外一块糖花膏揉成一个与水滴形糖膏等长的两端圆润的香肠形。将尖头造型擀棒横放在香肠形糖膏的中间，前后擀动，然后用尖头塑形工具在中间划一条中线。按照同样的方法制作另外2个香肠形。将这3个香肠形糖膏黏合在水滴形糖膏上，注意划有中线的一面朝上。使用色粉为花蕾上色。

花束的组合

14. 在蝴蝶兰花的底部及胶带上涂抹玫瑰色色粉使其上色。

15. 使用绿色的花艺胶带将2~3个花蕾依次缠裹固定在20号绿色花艺铁丝的顶部，然后将5~6朵兰花沿着花茎一个个添加进来，在每个花蕾和花朵的铁丝末端都要用胶带持续向下缠绕2厘米将它们捆紧定位。最后可以用镊子调整花朵的朝向，从而使整个花束看起来更为自然灵动。

金蝶兰花

可食用原材料

Squires Kitchen糖花膏：淡绿色和淡黄色

Squires Kitchen专业复配食用着色粉：仙客来（酒红色）、黄水仙（黄色）和葡萄藤绿色

Squires Kitchen可食用胶水

无色透明酒精

工器具

基本工具（见第8页）

花艺铁丝：白色22和30号

Tinkertech品牌的金蝶兰切模

Orchard品牌的6片花瓣的花朵切模：6号（直径2厘米）和8号（直径9毫米）

花艺胶带：绿色（1/2宽幅）

> **大师建议：**
>
> 如果你更希望制作粉色的金蝶兰花，可以用浅粉色的糖花膏替代淡黄色的糖花膏。

花朵

1. 将淡黄色的糖花膏擀薄，在中线处预留出隆起的部分以备插入铁丝，然后使用金蝶兰切模切出花瓣的形状。将30号的白色花艺铁丝小心地插入隆起处，然后用骨形塑形工具在花瓣的边缘处按压出波浪纹。使用黄水仙色粉为花上色，然后在花芯处涂抹少许葡萄藤绿色色粉。用手掌将花朵调整为圆弧形，然后将铁丝弯折到花瓣的背面。

2. 将少许浅黄色的糖花膏擀薄，然后用直径2厘米的6瓣花瓣切模切出花朵的形状。将花朵切成两半。在仙客来色色粉中添加数滴无色透明酒精后混合均匀，然后用细笔刷在切半的花朵的3个花瓣上画出3条水平的条纹。使用同一混合色在弧形金蝶兰花瓣的中心处点数个小圆点。将半朵花粘贴在金蝶兰花朵的下方，带条纹的一面朝上。

3. 将浅黄色的糖花膏擀薄，用直径9毫米的6瓣花瓣切模切出花朵的形状。使用骨形塑形工具将花朵按压成圆弧形，然后用可食用胶水将它黏合固定在金蝶兰的花芯的位置。

花蕾

4. 将浅绿色的糖花膏揉成一个小圆球，插入一根顶部带钩的30号糖艺铁丝后放置一旁晾干。

5. 将少量浅黄色的糖花膏擀薄，用直径2厘米的6瓣花瓣切模切出花朵的形状。使用骨形塑形工具将花朵按压成圆弧形。将黄色的花朵穿入铁丝，然后固定在绿色糖膏小圆球的下面。将花瓣以间隔的方式黏合在绿色花芯的上面，3片花瓣朝内，3片花瓣朝外。使用细笔刷蘸取仙客来色色粉与酒精的混合色，然后在花瓣上画出平行的条纹线。这样就做好一个小的花蕾了。重复

上述做法，为每枝花茎做大约3~4个花蕾。

组装

6. 使用绿色的花艺胶带分别将花蕾和花朵的铁丝缠裹好。

7. 使用绿色的花艺胶带将最小的花蕾固定在花茎顶端的位置，然后将2~3个花蕾一个接一个地添加固定在花茎上。每枝花茎应该包含5~6个花蕾和花朵。如果花茎不够长，可以在花茎的底部添加一根22号的花艺铁丝，然后用绿色的花艺胶带将花蕾或是花朵与铁丝缠裹组合在一起。

8. 用绿色的花艺胶带将几根花茎组合在一起，将花茎弯曲造型，直到达到理想的长度和装饰效果。

叶片曲奇饼干

可食用原材料

切成叶片形状的曲奇饼干（配方见第16页）

添加了葡萄糖浆/玉米糖浆的皇家蛋白糖霜，调染成与热带风情婚礼蛋糕相同的深绿、绿色和黄色（见第124页）

工器具

烘焙用透明玻璃纸制作的裱花袋或是防油纸制作的裱花袋，配2号裱花嘴

准备工作

1. 选用不同形状的饼干切模制作两款叶片造型曲奇饼干。

2. 将添加了葡萄糖浆/玉米糖浆的皇家蛋白糖霜调染成下列的3种颜色：

   绿色：在糖霜中添加少许冬青色/常春藤色色膏并混合均匀

   深绿色：在糖霜中添加少许冬青色/常春藤色和薄荷色色膏并混合均匀

   黄色：在糖霜中添加少许黄水仙色膏并混合均匀

3. 用烘焙用透明玻璃纸制作三个裱花袋，或是选用配2号裱花嘴的纸质裱花袋。

4. 在三个裱花袋中装入不同颜色的蛋白糖霜，至半满，然后将袋口扎紧。在透明玻璃纸裱花袋的尖端剪一个与2号裱花嘴大小相似的小口。

叶脉图案的裱饰方法

A款曲奇

1. 用添加了葡萄糖浆/玉米糖浆的绿色蛋白糖霜在曲奇饼干上裱出边缘线。

2. 使用绿色的糖霜，从叶片曲奇饼干的顶端到3/4的高度间隔性地裱出数条水平线，注意不要让糖霜溢出外轮廓线，然后在绿色的线条之间填充黄色的蛋白糖霜线条。

3. 绘出中间叶脉的图案，可以将一根取食签润湿，然后从叶片的顶端开始将糖霜向下拉伸，直到到达饼干的底部位置。用湿润的取食签在饼干的另外几个点拉动糖霜直到形成理想的脉络的图案，然后将曲奇饼干放置一旁晾干。

B款曲奇

1. 用添加了葡萄糖浆/玉米糖浆的深绿色蛋白糖霜在曲奇饼干上裱出边缘线。

2. 使用相同颜色的糖霜，从叶片曲奇饼干的顶端开始直到底部上方的位置间隔性地裱出数条水平线，注意线条之间的间距较窄，然后在绿色的线条之间填充黄色的蛋白糖霜线条。

3. 用润湿的取食签从叶片的顶端开始将糖霜向下拉伸，直到到达饼干的底部位置。然后在饼干的顶部边缘线上各取几个点向下拉动糖霜直到形成理想的脉络的图案，然后将曲奇饼干放置一旁晾干。

花式咖啡婚礼蛋糕

（九月）

可食用原材料

4个圆形蛋糕：

    底层蛋糕：直径28厘米，高10厘米

    第三层蛋糕：直径23厘米，高10厘米

    第二层蛋糕：直径18厘米，高10厘米

    顶层蛋糕：直径15厘米，高8厘米

Squires Kitchen杏仁膏：3.22千克

Squires Kitchen翻糖膏：白色2.22千克，奶油色1.5千克，米黄色1千克（可以用板栗棕色膏调制）

Squires Kitchen塑形糖膏：700克白色，或是将420克白色糖花膏和280克白色翻糖膏揉和均匀

Squires Kitchen速溶混合皇家糖霜粉

Squires Kitchen设计师系列珠光食用色粉：白缎

Squires Kitchen可食用胶水

工器具

基本工具（见第6~7页）

圆形蛋糕托板（厚）：1个直径48厘米、2个直径25.5厘米

圆形蛋糕托板：直径28厘米、23厘米、18厘米和15厘米

浅粉色缎带：2.5厘米宽，85厘米长；1.5厘米宽，1.55米长

装饰

白色、奶油色和橙红色的大丽花（见第142~143页）

覆盖蛋糕托板的方法

1. 将1千克奶油色的翻糖膏和500克米黄色的翻糖膏揉和在一起形成大理石纹理。将大理石纹的糖膏擀开后覆盖在直径48厘米的蛋糕托板上，然后将它放置数天直到彻底干燥。用无毒胶棒或双面胶带将一段浅粉色的缎带固定在蛋糕托板的侧边。

2. 用无毒胶棒将两个直径25.5厘米的蛋糕托板黏合在一起，然后将一段浅粉色的缎带固定在托板的侧边上。用皇家糖霜将直径25.5厘米的蛋糕板黏合固定在直径48厘米的蛋糕托板向右侧偏离中心大约3厘米的位置上。

3. 将4层蛋糕分别固定在与蛋糕尺寸大小相同的蛋糕托板上，然后用杏仁膏进行包面（见第30~34页）。杏仁膏的用量如下：底层蛋糕需要1.3千克杏仁膏；第三层蛋糕需要880克杏仁膏；第二层蛋糕需要600克杏仁膏；顶层蛋糕需要440克杏仁膏。

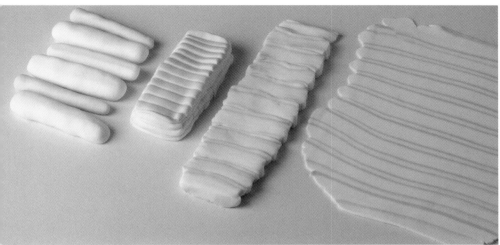

蛋糕包面的方法

4. 为蛋糕进行包面之前，要先称出一定数量的白色、米黄色和奶油色翻糖膏。将白色翻糖膏分成三等份，米黄色的翻糖膏分成两等份，然后将所有的翻糖膏都按照下面的要求揉成香肠形。

底层蛋糕：900克白色、200克米黄色、200克奶油色。将它们分别揉成18厘米长的香肠形。

第三层蛋糕：600克白色、140克米黄色、140克奶油色。将它们分别揉成16厘米长的香肠形。

第二层蛋糕：420克白色、90克米黄色、90克奶油色。将它们分别揉成15厘米长的香肠形。

顶层蛋糕：300克白色、70克米黄色、70克奶油色。将它们分别揉成13厘米长的香肠形。

5. 用不粘擀棒将白色的香肠形翻糖膏擀成大约5毫米厚的长方形，然后将米黄色和奶油色的香肠形糖膏擀成比白色翻糖膏略薄的相同尺寸的长方形。按照下面的顺序将翻糖膏叠放在一起（从最底层开始）：白色、米黄色、白色、奶油色、白色、米黄色。

6. 从短边开始将叠放在一起的长方形糖膏切为数段，每一段糖膏为1厘米宽。将切开的糖膏侧面朝上紧密地排列在不粘擀板上。用擀棒顺着条纹的方向上下擀开。如果糖膏不够宽，也可以将糖膏从两侧向外延展拉伸。

7. 用制作好的带条纹的翻糖膏为蛋糕包面（见第30～33页）。借助蛋糕抹平器将糖膏固定在蛋糕上，避免接缝处裂开。当糖膏的表面干燥后，在下面三层蛋糕中分别插入蛋糕支撑杆（参考第38页的内容）。

底层和第三层蛋糕上垂帘的装饰方法

8. 将底层蛋糕固定在直径25.5厘米的蛋糕托板的中心，然后用皇家糖霜将第三层蛋糕固定在底层蛋糕的中心位置。

9. 将用酒精消过毒的大头针分别插入到底层蛋糕的左上角和第三层蛋糕的右上角的位置。将一根棉线绕着蛋糕缠绕一圈，从第三层蛋糕插针的地方开始，向下缠到底层蛋糕插针的位置，沿着蛋糕缠绕一圈之后再回到第三层蛋糕插针的位置。最后将棉线打一个蝴蝶结。

10. 剪一张20～25厘米宽、20厘米长的铝箔纸。将铝箔纸的上沿向下折大约2厘米，然后将它挂在棉线的上面。使用聚苯乙烯模型或是厨房用纸将铝箔纸的下沿垫高，如图所示。

11. 制作有织物质感的垂帘装饰时，将白色的塑形糖膏（具体用量见下方表格）擀至13厘米宽，2～3毫米厚。将糖膏的一端切成水平的直线，然后放入压面机数次将它压薄。将压面机的档位从1档调到9档，直到将糖膏压成纤薄细长的条形。如果没有压面机，可以将糖膏在涂有植物白油的不粘擀板上擀薄。将条形的糖膏按照下面的长度切开，并将左右两端回折，然后在整条糖膏上涂抹一层白色的珠光色粉。

12. 遵循图中所示的制作方法制作A型垂帘装饰。按住糖膏的一端，然后将糖膏朝这一方向折叠成多个皱褶直到达到7厘米的宽度。将一根竹签插入糖膏的底部将糖膏提起来。

13. 用可食用胶水将A型垂帘黏合在蛋糕上，将底层蛋糕上的大头针上方2厘米处作为起点，将垂帘黏合固定在铝箔纸上方2厘米的蛋糕的侧面上。要环绕蛋糕一周，大约需要制作12个相同尺寸和形状的垂帘。将垂帘分别黏合在蛋糕上，最后在距底层蛋糕和第三层蛋糕上的大头针2厘米的位置上结束装饰。

大师建议：

所有的接缝都应该朝向内侧，这样垂帘更像是用一整片糖膏制作出来的，更有整体感。

14. 将底层蛋糕上的大头针取走，然后用可食用胶水将一条有褶边的垂帘造型糖膏黏合在大头针所在的位置上。将第三层蛋糕上的大头针取走，解开蝴蝶结，把棉线从蛋糕上取下，然后将另一条有褶边的垂帘黏合在大头针所在的位置上。待装饰在蛋糕周围的褶边干燥定形之后，将铝箔纸从蛋糕上取下来。

15. 制作2条B型垂帘，用手指在纤薄细长的糖膏上做出几个水平的宽松的褶皱。将B型垂帘黏合在蛋糕上，注意要用B型垂帘将A型垂帘的上边线完全覆盖住。

16. 从制作B型垂帘的剩余塑形糖膏中切出一个边长为9厘米的正方形。用这一片糖膏制作一个垂帘的造型，将糖膏上下两边向内折，然后将它黏合固定在垂帘的接缝处。

大师建议：

将剩余的糖膏用保鲜膜包裹起来密封保存，用来制作下一个条形糖膏。

	白色塑形糖膏	长度	宽度
第三层	A型 30克	25厘米	13厘米
	B型 50克	40厘米	13厘米
	C型 40克	30厘米	12厘米
第二层	D型 45克	35厘米	13厘米
顶层	E型 60克	45厘米	13厘米
	F型 26克	15厘米	12厘米

浪漫婚礼蛋糕

第二层蛋糕和顶层蛋糕上垂帘的装饰方法

17. 在顶层蛋糕的中间插入一个花托。用皇家糖霜将第二层蛋糕黏合固定在第三层蛋糕上，然后再将顶层蛋糕黏合固定在第二层蛋糕上。

18. 采用与B型垂帘相同的制作方法，按照表格中的尺寸制作一个D型的垂帘造型。将D型垂帘黏合在第二层蛋糕的侧边，注意从蛋糕底部的右侧开始，黏合到蛋糕顶部左侧的位置结束。

19. 采用与B型垂帘相同的制作方法，按照表格中的尺寸制作一个E型的垂帘造型。将E型的垂帘黏合在顶层蛋糕的侧边，注意从顶层蛋糕的底部开始黏合，先将垂帘绕到蛋糕的背面，然后再绕到蛋糕的前方，最后在蛋糕顶部的花托左侧的位置结束。在剩余的塑形糖膏上切出一个9厘米的正方形，采用步骤16的方法再制作一个垂帘，然后将它黏合在接缝处。

20. 制作F型的垂帘造型，沿着长边将它对半切开。在其中的一条糖膏上折出多个皱褶，然后将它黏合到顶层蛋糕上的花托的右侧，让糖膏的末端朝向蛋糕的右侧自然下垂。用另一条糖膏制作一个环形，然后用步骤16的方法制作的一个垂帘盖住接缝。将环形糖膏黏合到顶层蛋糕上的E型垂帘造型上，注意环形朝向左边。

蝴蝶结的制作方法

21. 按照表格中的尺寸制作一个C型的垂帘造型，然后将它横向切成两半。把其中一条糖膏的两端对接起来做成环形，然后用手指将末端稍微拧一下，重复上述做法制作出第二个环形。擀出第二个C型的垂帘造型，将它切成7厘米×6厘米的长方形。在糖膏上折出褶皱做成一个结，然后将它摆放在蝴蝶结中心的位置，并将它的两端在蝴蝶结的背面固定住。在蝴蝶结中填入纸巾卷作为支撑，帮助其定形。

22. 从制作蝴蝶结的剩余的糖膏中切出一条20厘米×4厘米的长方形糖膏，然后沿着长边将它对半切开。将糖膏的一端捏合在一起形成皱褶，然后在另一端切出一条斜线。将糖膏放在纸巾卷上定形，让它形成自然弯曲的弧度。在蝴蝶结和丝带彻底干燥之前，将它们黏合到第二层蛋糕和第三层蛋糕上的垂帘装饰相交接的位置上。

用大丽花装饰蛋糕

23. 将一朵大丽花固定在顶层蛋糕上的花托中。将翻糖膏揉成一个小的圆球形，将它放在蛋糕托板上并黏合固定在底层蛋糕的右侧。在圆球形糖膏中插入两朵大丽花。注意在食用蛋糕之前要先去除花托、翻糖球和用于装饰的大丽花。

大丽花

可食用原材料

Squires Kitchen糖花膏：奶油色、浅粉色、浅黄色和白色

Squires Kitchen专业复配食用色粉：玫瑰和葡萄藤

Squires Kitchen设计师系列珠光食用色粉：白缎

Squires Kitchen可食用胶水

大师建议：

　　花瓣在制作好之后要立即添加并固定在花茎上，然后用手指来调整花瓣的造型，避免呈现呆板统一的状态，这样花朵看上去才会更加生动自然。

工器具

基本工具（见第8页）

花艺铁丝：绿色20号和白色30号

切模：

　　A型：直径5厘米的6瓣花瓣切模（Orchard品牌）

　　B型：Squires Kitchen多用花瓣切模套装2中的3号：2.5厘米×4厘米

　　C型：Squires Kitchen多用花瓣切模套装3中的2号：1.3厘米×4厘米

　　D型：Squires Kitchen多用花瓣切模套装3中的3号：2.2厘米×4.6厘米

　　E型：Squires Kitchen多用花瓣切模套装3中的4号：2厘米×6厘米

　　F型：Squires Kitchen多用花瓣切模套装3中的6号：2.6厘米×8.1厘米

花芯的制作方法

1. 将白色、奶油色或浅粉色的糖花膏揉成直径为2厘米的小圆球的形状。在球形糖膏中插入一根顶部带钩的20号绿色花艺铁丝，然后将它放置一旁晾干待用。

2. 将糖花膏擀薄，用A型切模切出三组花瓣的形状。用骨形塑形工具将花瓣向下垂直拉伸，然后用小滚轮切刀将每片花瓣沿中线切成两半。用骨形塑形工具将花瓣向内擀压，使花瓣的顶端向中心卷曲。将花瓣穿入铁丝后黏合在球形糖花膏上：先将第一组花瓣紧密地黏合在花芯上，第二组和第三组的花瓣则呈现逐渐开放的状态。

3. 将糖花膏擀薄，用A型切模再切出一组花瓣。将花瓣向下垂直拉伸，然后用竹签在花瓣上按压出脉络纹路。用可食用胶水将花瓣黏合在上一层

花瓣的外围。在花瓣上涂抹少许白色珠光、葡萄藤和玫瑰色的混合色粉，让花朵看起来更加逼真自然。

内层花瓣的制作方法

4. 将糖花膏擀薄，用B型切模切出7组花瓣，然后用C型切模切出10组花瓣，注意切模的尖端朝上。用尖头造型棒将每片花瓣横向擀开，先用竹签在花瓣上添加脉络，再用尖头塑形工具在花瓣上划出一条中线。用骨形塑形工具将花瓣向内擀压，使花瓣向内卷曲，然后在花瓣上涂抹少许白色珠光、葡萄藤和玫瑰色的混合色粉。将用B型切模做出的花瓣黏合在围裹在花芯处的花瓣的周围，然后将用C型切模做出的10组花瓣黏合固定在B型切模做出的花瓣的周围。

外侧花瓣的制作方法

5. 将少量的糖花膏擀薄，并将它切成两片。将一根30号的白色花艺铁丝摆放在其中的一片糖膏的中线处，

然后将另外一片糖膏覆盖在上面，从而将铁丝夹在两片糖膏的中间。沿着铁丝将糖膏再度擀薄，然后用D型切模切出花瓣的形状。你需要用D型切模切出6~8组穿有铁丝的花瓣的形状，然后用E型和F型切模各切出12组穿有铁丝的花瓣的形状。按照步骤4的方法为花瓣造型并上色，但注意不要让花瓣的底部向内卷曲。用手指弯折花瓣上的铁丝使它形成自然的弧度。

6. 按照如下的顺序用花艺胶带将带铁丝的花瓣缠裹固定在内层花瓣的外围：
   6~8组D型切模制作的花瓣；

6组E型切模制作的花瓣；
6组F型切模制作的花瓣；
6组F型切模制作的花瓣（将花瓣的尖端略微向外弯折）；
6组E型切模制作的花瓣（花瓣的尖端向内弯折）

最后的修饰

7. 额外制作一些花瓣，然后粘贴在需要的地方，但要记住保持蛋糕的整体平衡性。如有需要，可以在花瓣上额外添加少许色粉：可以在花瓣的尖端和侧边涂抹少许玫瑰色粉，在花瓣的底部涂抹少许葡萄藤色粉。

浪漫银莲花婚礼蛋糕

（十月）

可食用原材料

2个圆形蛋糕：直径20.5厘米，高10厘米

Squires Kitchen杏仁膏：1.7千克

Squires Kitchen翻糖膏：白色2.55千克

Squires Kitchen塑形糖膏：

500克白色，或是将350克白色糖花膏和150克白色翻糖膏揉和均匀

200克粉色（添加玫瑰色膏调染），或是将140克浅粉色糖花膏和60克白色翻糖膏揉和均匀

200克紫色（添加紫罗兰色膏调染），或是将140克淡紫色糖花膏和60克白色翻糖膏揉和均匀

Squires Kitchen速溶混合皇家糖霜粉：少量

Squires Kitchen设计师系列珠光食用色粉：白缎

Squires Kitchen可食用胶水

工器具

基本工具（见第6～7页）

圆形蛋糕托板（厚）：直径25.5厘米

圆形蛋糕托板：2个直径20.5厘米

圆形蛋糕卡片：直径13厘米

白色缎带：1.5厘米宽，85厘米长

圆形切模：直径15厘米、12厘米、10厘米、6厘米、5厘米和4厘米

圆形蛋糕架：直径30.5厘米

装饰

银莲花花束，见第152～153页。

覆盖蛋糕托板的方法

1. 用850克的白色糖膏覆盖蛋糕托板（见第35页），然后放置数天直到彻底干燥。使用无毒胶棒或双面胶带将白色的缎带黏合在蛋糕托板的侧边上。

顶层蛋糕的装饰方法

2. 用尖刀将蛋糕表面削平，然后将12.5厘米的蛋糕卡片摆在蛋糕正中心的位置。在蛋糕侧边距离顶部5厘米的高度做好标记，在每隔5厘米或6厘米间距的位置插入一根取食签。用尖刀将蛋糕卡片和取食签之间的蛋糕削掉，从而使蛋糕的顶部形成半球形。去除蛋糕卡片和取食签。

3. 将蛋糕摆放在20.5厘米的蛋糕托板正中心的位置，分别用850克的杏仁膏和白色翻糖膏为蛋糕包面，然后放置一天晾干。

底层蛋糕的装饰方法

4. 用尖刀将蛋糕表面削平，然后在蛋糕底部的边缘处削出一个小的斜角。分别用850克的杏仁膏和白色

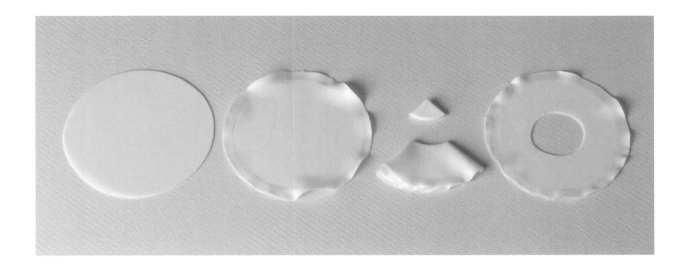

翻糖膏为蛋糕包面。将蛋糕摆放在20.5厘米的蛋糕托板正中心的位置，然后在蛋糕中插入蛋糕支撑杆（见第38页）。用皇家糖霜将第顶层蛋糕黏合固定在底层蛋糕上。

褶皱装饰的制作方法

5. 为蛋糕添加褶皱效果，需要用到如下的切模：

   10厘米的圆形切模，中心带直径4厘米的圆孔

   12厘米的圆形切模，中心带直径5厘米的圆孔

   15厘米的圆形切模，中心带直径6厘米的圆孔

   15厘米的圆形切模，中心带直径5厘米的圆孔

   准备白色、粉色和紫色的塑形糖膏。将塑形糖膏擀薄后，用圆形切模在糖膏上切出一个圆形，然后用小

滚轮切刀把边缘修饰整齐。用一个略小一点的圆形切模在糖膏上切一下，如图所示，注意不要将糖膏切透。在圆环形状的糖膏正反两面上分别涂抹一层白色的珠光色粉。最后用球形塑形工具在圆形糖膏的边缘上滚动按压，做出褶皱的效果。可以根据蛋糕的整体设计和褶边的具体装饰方式调整塑形糖膏的用量。

6. 将圆形的糖膏轻轻折成1/4大小，做成裱花袋的形状。将直径4厘米的圆形切模放在折叠在一起的糖膏顶部的位置，然后切出圆弧的形状。将折叠在一起的糖膏打开做成一个环形：这个环形将成为制作蛋糕上的其他褶皱造型的基础形状。

7. **单层褶皱装饰**：将环形的糖膏切开，用双手捏住糖膏的两端，让环形的糖膏自然垂落形成垂直的长条形褶皱装饰。

大师建议：

每个褶边的尺寸都是和你所使用的圆形切模的尺寸成比例的。

可以根据蛋糕的整体设计和褶边的具体装饰方式调整塑形糖膏的用量。

8. **多层褶皱装饰**：使用不同颜色的塑形糖膏制作数个相同尺寸的圆环。将它们轻轻地叠放在一起，然后采用与步骤7同样的方法，将环形的糖膏切开，用双手捏住糖膏的两端，让环形的糖膏自然垂落形成垂直的多层长条形皱装饰。

9. **玫瑰花褶皱装饰**：用直径10厘米或12厘米的圆形切模制作一片带有波浪形褶边的环形糖膏，将环形的糖膏切开后打开切口，在糖膏1/3处折一个皱褶作为玫瑰的花芯，然后将剩余的2/3的糖膏卷成一卷，注意花芯处要卷得紧密，然后逐渐变得松散，直到形成玫瑰花的形状。

10. **单层花簇形褶皱装饰**：制作单层花簇形褶皱时注意不要将环形糖膏切断。采取不完全对称的方式将环形的糖膏松散地对折，注意上下两边的边缘不要相互重合。将糖膏拿起来，然后将它轻轻地折叠在一起。

大师建议：

将玫瑰花褶皱装饰晾至半干，然后再将它黏合在蛋糕上面。

11. **多层花簇形褶皱装饰**：制作几个相同尺寸不同颜色的环形。采取与单层花簇形褶皱装饰同样的制作方法，但注意糖膏对折起来时偏移中线、互不重合的部分能够清晰可见。

12. **新月造型褶皱装饰**：制作几个相同尺寸不同颜色的环形。将每个环形对折起，然后将它们叠放在一起，注意让每个环形的边缘都从前一个环形糖膏上悬垂下来一小部分。在糖膏上打一个褶并将两端捏合在一起，从而使糖膏中间的圆孔变得不可见了。

13. **萃集的褶皱装饰**：将一个环形糖膏对折，然后每隔2厘米的间距折出一个皱褶，从而将整个环形折叠在一起。

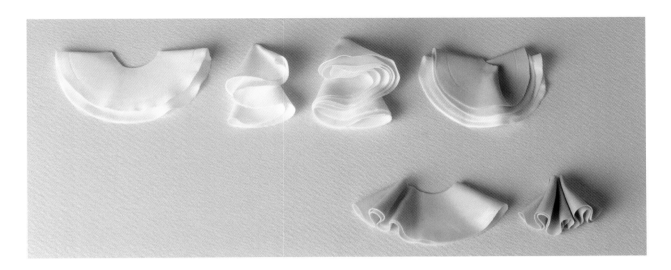

褶皱的装饰方法

大师建议：

你可以将该章节的内容作为指南，也可以自行选择不同的颜色、尺寸和褶边造型做出更符合你或是蛋糕定制者喜好的样式。

先将较大的褶边装饰黏合在蛋糕上，然后再用较小的褶边来填补空隙。当褶边刚刚制作好、依旧柔软有韧性的时候就要将它们黏合到蛋糕上，然后用手指来调整褶边的造型，使它们彼此交叠，呈现更为自然的视觉效果。

可以将小块的厨房用纸巾填充在褶边下面作为支撑，帮助皱褶干燥定形。

注意要将褶边均匀地黏合在整个蛋糕上。

14. 用带有4厘米圆形孔洞的直径10厘米的圆形切模和白色的塑形糖膏制作数个萃集的褶皱装饰，然后将它们黏合在蛋糕的底部。

15. 将白色的塑形糖膏擀薄，用带有6厘米圆形孔洞的直径15厘米的圆形切模切出数个宽度为4.5厘米的圆环，在圆环上切一个切口，用双手捏住糖膏的两端，让环形的糖膏自然垂落形成长条形褶皱装饰（见第150页）。将褶皱装饰粘贴到第一层蛋糕的顶部，褶皱朝外，并环绕蛋糕一周。在黏合的时候还要注意将褶皱装饰彼此交叠从而将接缝处隐藏起来。

16. 用带有5厘米圆孔的直径15厘米的圆形切模制作数条略为宽大的长条形褶皱装饰，然后将它们粘贴到4.5厘米宽的褶皱装饰条上方的位置。用直径10厘米的圆形切模在白色塑形糖膏上切出数个圆片，将圆形对折，然后揉卷成一个圆锥形。采用同样的方法制作数个圆锥形，然后将它们黏合在长条形褶皱装饰的下面作为支撑。

蛋糕组装

17. 将蛋糕放在蛋糕架上，然后将银莲花花束放在蛋糕顶部作为装饰。

银莲花

可食用原材料

Squires Kitchen糖花膏：淡紫色

Squires Kitchen专业复配食用色粉：
紫丁香和紫罗兰

Squires Kitchen可食用胶水

工器具

基本工具（见第8页）

花艺铁丝：白色30号

花艺胶带：绿色（1/2宽幅和整幅）

棉线：紫色

Squires Kitchen多用花瓣切模套装
2：4号和5号

缎带：白色或紫色缎带（用于捆绑花茎）

花朵的制作方法

1. 将30号的白色花艺铁丝对半弯折，
   然后在弯折处旋拧一下做出一个小
   的环形。

2. 将棉线在食指、中指、无名指上缠
   绕大约50圈。从线轴上切断线头，
   然后将它从手指上取下来。将棉线
   从中间扭成8字形，然后将两边折
   叠在一起形成一个更小的线圈。将
   白色花艺铁丝的一端穿过棉线环，
   小的铁丝环朝上，然后将铁丝在棉
   线的下面旋拧一到两圈将棉线固定
   住，再将这两根铁丝拧成一股。将
   环形的棉线剪断后打开，在棉线上
   蘸取少许可食用胶水，然后用紫丁
   香和紫罗兰色粉为其上色。

> **大师建议：**
>
> 为达到理想的装饰效果，可以
> 把紫丁香和紫罗兰色粉混合在一起
> 使用。

3. 将淡紫色的糖花膏揉成直径大约1厘米的圆球作为花芯。在糖膏中插入一根取食签，然后在糖膏上面涂抹一层可食用胶水，并用紫丁香和紫罗兰的混合色粉为其上色。将取食签插入到圆球形糖膏的侧面，将它拿起来黏合并固定在棉线中心处的小铁丝环上。

4. 将淡紫色的糖花膏揉成小的橄榄球的形状，在中间插入一根30号的白色花艺铁丝，然后用不粘擀棒将糖膏向外擀开。将糖膏沿着铁丝擀薄后，切出一个4～5厘米长的薄叶片的形状。在叶片底部涂抹少许紫丁香和紫罗兰的混合色粉，然后在叶片上铁丝位置的两侧切出2个深的切口。

大师建议：

　　花瓣在制作好依旧柔韧的时候就要立即添加并固定在花芯上，用手指来调整花瓣的造型，这样花朵看上去会更加生动自然。

用骨形塑形工具将叶片向两边延展开，形成弓形，然后将它黏合在花芯上，并用花艺胶带加以固定。

5. 将淡紫色的糖花膏擀开，在中线处插入一根铁丝，然后沿着铁丝将糖膏再次擀薄。用Squires Kitchen多用切模套装2中的4号切模切出花瓣的形状，然后用竹签在花瓣上按压出纹路。在花瓣底部涂抹少许紫丁香和紫罗兰的混合色粉，然后用尖头塑形工具柔化边缘处的切痕。将花瓣添加在花芯的外围并用花艺胶带将它们固定在一起。

6. 重复之前的步骤制作4片内层花瓣并用花艺胶带将它们固定在花芯上。另外用Squires Kitchen多用切模套装2中的5号切模制作5～6个花瓣，然后用花艺胶带将它们缠裹固定在内侧花瓣的周围。

银莲花花束的组合方法

7. 采用上述方法共制作7朵银莲花。

在第一朵花制作好之后，将它的颈部稍微向上弯折。

8. 待第二朵花制作好之后，同样将它的颈部稍微向上弯折，然后用花艺胶带将它与第一朵花缠裹固定在一起。

9. 将第三朵花与第二朵花固定在一起，注意它的位置应略高于前两朵花。

10. 将其余的花朵分别添加并固定在前一支花朵上，每朵花的位置都要略高，从而使整个花束呈现圆润的半球形。

11. 用缎带将花茎聚拢在一起，然后系上一个蝴蝶结作为装饰。

大师建议：

　　在花朵彻底干燥之前就要将它们一朵朵地添加并固定在花束中，这样整个花束才会更加紧密、灵巧。

开心鸟儿婚礼蛋糕

（十一月）

可食用原材料

2个方形蛋糕：

底层蛋糕：边长25.5厘米，高12.5厘米

中层蛋糕：边长18厘米，高10厘米

Squires Kitchen杏仁膏：2.55千克

Squires Kitchen翻糖膏：2.55千克米色（添加板栗棕色膏）；950克绿色

Squires Kitchen塑形糖膏：

500克白色，或是将200克白色糖花膏和300克白色翻糖膏揉和均匀

250克米色，或是将100克浅杏色糖花膏和150克白色翻糖膏揉和均匀

100克绿色，或是将40克冬青绿糖花膏和60克白色翻糖膏揉和均匀

Squires Kitchen速溶混合皇家糖霜粉：300克

Squires Kitchen专业复合着色食用色膏：叶绿和玫瑰

Squires Kitchen专业复合着色食用色粉：玫瑰

Squires Kitchen设计师系列珠光食用色粉：雪纺粉和白缎

Squires Kitchen可食用胶水

固体植物白油/起酥油

无色透明酒精

工器具

基本工具（见第6~7页）

正方形蛋糕托板（厚）：边长38厘米

正方形蛋糕托板：边长25.5厘米和18厘米

缎带：绿色和深绿色1.5厘米宽，1.6米长

压面机（可选）

裱花嘴：1号和2号

Squires Kitchen多用花瓣切模套装1：2号

蕾丝叶片切模（Orchard品牌）：小号和中号

珠串造型模：直径3毫米和8毫米

玫瑰图案纹路模

直线／褶边切模（FMM品牌）

斜线纹路擀棒

海绵块

蛋糕架

装饰

鸟和鸟笼装饰，见第162~165页

准备工作

1. 在米色翻糖膏和米色塑形糖膏中加入微量玫瑰色膏，将它们调染为呈粉红色调的米色。

蛋糕托板的装饰方法

2. 用950克绿色翻糖膏覆盖正方形的蛋糕托板（见第35页），然后放置数日直到彻底干燥。

3. 将一条深绿色的缎带黏合在蛋糕托板的侧面较为靠上的位置，然后将另外一条浅绿色的缎带叠放在深绿色缎带的上面，只留下一小部分的

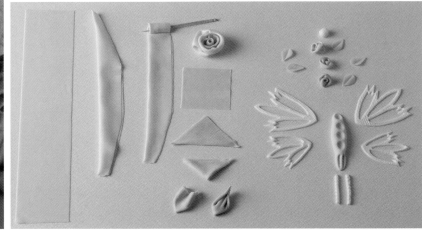

深绿色缎带清晰可见。

底层蛋糕的装饰方法

4. 将底层蛋糕固定在相同尺寸的蛋糕托板上。分别用1.7千克杏仁膏和粉米色的翻糖膏为蛋糕包面（见第30～34页）。将蛋糕黏合固定在蛋糕托板的中心，然后插入蛋糕支撑杆（见第38页）。在蛋糕侧面靠近底部的正中心的位置做一个标记，这四个标记是将要粘贴蕾丝缎带的位置。

中层蛋糕的装饰方法

5. 将中层蛋糕固定在相同尺寸的蛋糕托板上，然后分别用850克杏仁膏和粉米色翻糖膏为蛋糕包面。测量蛋糕支架的底托的直径，并以它为参考在蛋糕上标出蛋糕支撑杆的位置（见第37页），然后将支撑杆插入蛋糕中。用皇家糖霜将中层蛋糕黏合固定在底层蛋糕的正中心的位置。

蕾丝蜻蜓的制作方法

6. 将白色的塑形糖膏擀薄，用带纹路的擀棒在糖膏上压出花纹。制作蜻蜓的翅膀时，分别用小号和中号的蕾丝叶片切模各切出两片糖膏。在这四片糖膏上涂抹一层白色的珠光色粉，然后将它们放置一旁晾干。

7. 在珠串造型模中涂抹一层白色的珠光色粉后备用。将白色的塑形糖膏揉成一个细长的条形，将糖膏按压进珠串造型模，用小刀去除多余的糖膏，然后从模具中取出成型的珠串。用相同的糖膏制作一个直径8毫米的珍珠作为蜻蜓的头部，再制作两个包含8个直径为3毫米珍珠的珠串作为蜻蜓的尾巴。将珍珠和珠串放置一旁晾干。

8. 将粉米色的塑形糖膏擀开后切成5厘米×4厘米的长方形。采用160页介绍的方法制作3个小缎带玫瑰。将绿色的塑形糖膏擀开，然后用多用花瓣切模套装1中的2号切模切出5～6组叶片的形状。使用尖头塑形工具在每片叶片上划出一条中线。

9. 将少许粉米色的塑形糖膏揉成一个5厘米长的香肠的形状。将糖膏的一端揉圆作为蜻蜓的头部，然后将另一端揉成圆锥形作为蜻蜓的躯干。用尖头造型棒的圆头在糖膏上按压出四个凹痕。用尖头塑形工具

的尖细的一头在躯干的末端划出两个细长的印记。用可食用胶水将直径8毫米的珍珠黏合到头部的凹痕处，然后将8个直径3毫米的珍珠黏合到尾部的印记处。最后用胶水将小缎带玫瑰和叶片粘贴到其他的三个凹痕的位置上。

10. 用尖头塑形工具在躯干的两侧各划出一个凹槽。用可食用胶水将小翅膀黏合到凹槽低处的位置，然后将中号的翅膀黏合到凹槽高处的位置。用纸巾支撑住翅膀，然后将它们放置一旁干燥定形。重复上述的步骤，再制作一只蜻蜓。

蕾丝丝带的制作方法

11. 将白色的塑形糖膏擀薄后切成一条8厘米宽的长条形。从这片糖膏中再切出数个宽度分别为5厘米和3厘米的条形。

12. 在玫瑰图案纹路模有图案的一面薄薄地涂上一层固体植物白油。将一条5厘米宽的白色条形糖膏放在纹路模上，然后用一块海绵轻轻向下按压将图案转印到糖膏上。分别将糖膏的两个长边回折5毫米。

13. 用直线／褶边切模沿着3厘米宽的糖膏的长边切出波浪的形状，切的时候要确保顶部和底部的图案是对称的。用2号裱花嘴在每个波浪纹的顶部开三个孔，然后沿着糖膏的长边将它从中间切成两个长条形。用可食用胶水将一根长条形水平的边缘线黏合到印有图案的糖膏的边缘线处（见步骤12），将它做成一条丝带的形状。然后在印有图案的糖膏的另外一侧也重复上述做法。将丝带的正面翻过来，在上面涂抹一层白色的珠光色粉。

大师建议：

使用压面机可以很方便地制作长条形的糖膏，具体操作方法见第90页。但如果你没有压面机，也可以将糖膏放在涂有少许固体植物白油的不粘擀板上，然后将它擀成纤薄的长条形糖膏。

14. 按照上述的方法制作8条蕾丝丝带用于底层蛋糕的装饰。在第一条丝带的一端切出一个斜边，然后将它黏合到蛋糕侧面上的标记处（见步骤4）。注意要将丝带沿对角线黏合在蛋糕的侧面，然后将

丝带的另外一端贴在蛋糕一角的上方。重复同样的方法将第二条丝带黏合在蛋糕上，并和第一条丝带彼此对称。重复上述步骤将另外的6条蕾丝丝带分别黏合在蛋糕的三个侧面上。将丝带的另一端在蛋糕顶部相交，然后切除多余的部分。

大师建议：

要在丝带彻底干燥之前将它们黏合在蛋糕上。

15. 用1号裱花嘴和白色的皇家糖霜在丝带上的玫瑰图案上以重复叠加的方式裱出糖霜图案，然后放置一旁直到彻底干燥。待糖霜干燥后，用细画笔刷将白色珠光色粉和无色透明酒精的混合色液涂抹在玫瑰图案的上面。

大师建议：

可以在皇家糖霜中加入几滴冷开水将糖霜稍微稀释一下，这将有助于裱饰精细复杂的图案。

16. 制作四条24厘米长的蕾丝丝带用于中层蛋糕的装饰。在第一条丝带的一端切出一个斜边，然后在第二条丝带上切出与之对称的斜边。用笔刷将可食用胶水涂抹在蛋糕的左下角，然后将两条丝带的末端相互交叠地黏合在蛋糕上，让这两条丝带看起来像是底层的丝带的延续。将丝带沿对角线黏合在蛋糕的侧面，然后将丝带的另外一端贴在蛋糕一角的上方。将蛋糕旋转180°，重复上面的操作方法在蛋糕的背面黏合另外的两条丝带。将丝带的另一端在蛋糕顶部相交，然后切除多余的部分。

17. 采用与步骤15相同的方法，用1号裱花嘴和白色的皇家糖霜在丝带上的玫瑰图案上以重复叠加的方式裱出糖霜图案，然后放置一旁直到彻底干燥。待糖霜干燥后，用细画笔刷将白色珠光色粉和无色透明酒精的混合色液涂抹在玫瑰图案的上面。

蝴蝶结的制作方法

18. 用白色的塑形糖膏制作一条22厘米长的蕾丝丝带。将两端沿对角

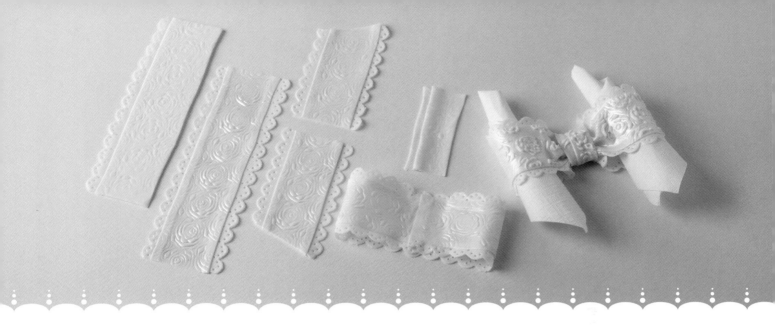

线切开形成一个梯形的形状，然后将丝带两端的切边后折使它看上去更为整齐。将丝带对半切成两半，用可食用胶水黏合在蛋糕左下角蕾丝丝带相交的位置。用1号裱花嘴和白色的皇家糖霜在丝带上的玫瑰图案上以重复叠加的方式裱出糖霜图案，然后放置一旁直到彻底干燥。待糖霜干燥后，用细画笔刷将白色珠光色粉和无色透明酒精的混合色液涂抹在玫瑰图案的上面。

19. 制作蕾丝圆环时，先要制作一条25.5厘米长的蕾丝丝带。将丝带卷成圆环的形状，然后用可食用胶水将两端黏合在一起。用手指轻捏环形的中心的位置将它做成一个蝴蝶结的形状。

20. 用白色的塑形糖膏制作一条8厘米长，5厘米宽的长条形的蕾丝，将两端的切边后折使它看上去更为整齐。在中间捏出一个褶，然后将它缠绕在蝴蝶结的正中间的位置，将两端在背面连接在一起作为蝴蝶结中间的结扣。

21. 将蝴蝶结放在厨房纸巾上干燥定形。用1号裱花嘴和白色的皇家糖霜在丝带结上的玫瑰图案上以重复叠加的方式裱出糖霜图案，然后放置一旁直到彻底干燥。待糖霜干燥后，用细画笔刷将白色珠光色粉和无色透明酒精的混合色液涂抹在玫瑰图案的上面。

22. 将少量糖膏揉成一个小的圆球的形状，然后将它黏合到蝴蝶结的背面。用可食用胶水将蝴蝶结黏合到蛋糕左下角的蕾丝丝带的上面。采用同样的方法再制作一个完整的蝴蝶结，然后将它黏合到蛋糕对角上的蕾丝丝带相交的位置。

丝带玫瑰花的制作方法

23. 将粉米色的塑形糖膏擀薄后切成一个20厘米×4厘米的长方形。在糖膏的一面涂抹少许雪纺粉和玫瑰色的混合色粉。将糖膏轻轻对折，注意不要压出折痕，然后将糖膏的两端切出尖角。

24. 用取食签将糖膏的一端卷起来，注意切出的尖角朝向下面。继续

转动取食签，在达到一半的长度后开始用手指在糖膏上做出松散的褶皱，将它做成一朵玫瑰花的样子。重复同样的方法共制作16个丝带玫瑰。

25. 制作玫瑰叶片时，在100克的白色塑形糖膏中添加少许叶绿色的色膏。将绿色糖膏擀薄后切成边长4厘米的正方形。将正方形折成三角形，然后再次折叠成更小的三角形。将左侧和右侧的角沿着长边向内折，然后用手指将它们捏合在一起。重复同样的方法共制作16个丝带叶片。

26. 制作蛋糕上的玫瑰花装饰带的时候，将粉米色的塑形糖膏擀薄后切成四根27厘米×4厘米的细长条形用于装饰底层蛋糕；然后将粉米色的塑形糖膏擀薄后切成四根23厘米×4厘米的细长条形用于装饰中层蛋糕。

27. 将细长条形糖膏的长边内折使它看上去更为整齐，在上面涂抹少许珠光色粉，然后以7厘米为间距在糖膏上捏出皱褶。

大师建议：

可以选用与蛋糕上的其他装饰物相同颜色的珠光色粉为玫瑰和装饰带上色。

28. 将27厘米长的装饰带分别黏合在底层蛋糕侧面的白色蕾丝丝带的右侧；然后将23厘米长的装饰带分别黏合在中层蛋糕侧面的白色蕾丝丝带的右下方的位置。最后，将装饰带的另一端在中层蛋糕的顶部相交，并切除多余的部分。

29. 将粉米色的塑形糖膏擀薄后切成两个10厘米×4厘米的长条形。将长条形糖膏对折后黏合在中层蛋糕顶部装饰带末端相交的位置。在条形糖膏干燥之前，用可食用胶水将蕾丝蜻蜓固定在上面（见第158页）。在丝带玫瑰和叶片干燥之前，用可食用胶水将它们黏合在装饰带上的褶皱处。

褶皱装饰丝带的制作方法

大师建议：

制作褶皱装饰丝带时，要使用的条形糖膏的长度应该是理想的丝带长度的2.5倍。

30. 将白色的塑形糖膏擀薄后切成3.5厘米宽的长条形。用直线褶边切模沿着条形的长边切出蕾丝边，然后用2号裱花嘴在蕾丝边上戳出数个小圆孔。用白色珠光色粉为糖膏上色。

31. 用取食签将糖膏分段折叠在一起，注意保持大致相似的间距。将折叠好的糖膏放在泡沫垫上，将一把直尺放在糖膏的中线处，向下按压从而使两侧的糖膏向上翘起。

32. 将制作好的褶皱装饰丝带黏合在底层蛋糕的底部。你可以采取分段制作和黏合的方式，并注意最后一条装饰丝带的长度应为需要填补的空隙的2倍。

顶层蛋糕的装饰方法

33. 按照第162页和第164页的方法制作鸟和鸟笼。将少量糖膏揉成一个小的圆球形，用可食用胶水将它黏合在鸟笼的底部，然后将小鸟固定在这个球形糖膏上。

34. 将小型蛋糕架摆放在中层蛋糕的中心位置，然后将鸟笼放在蛋糕架的上面。

开心鸟儿婚礼蛋糕

小鸟和鸟笼

可食用原材料

六边形的蛋糕或蛋糕模型：边长12厘米，高10厘米

Squires Kitchen杏仁膏：250克

Squires Kitchen翻糖膏：绿色450克

Squires Kitchen塑形糖膏：白色100克，或是将60克白色糖花膏和40克白色翻糖膏揉合均匀

Squires Kitchen速溶混合皇家糖霜粉：50克

Squires Kitchen专业复合着色食用色粉：玫瑰

Squires Kitchen设计师系列珠光食用色粉：飞燕草蓝、薰衣草和白缎

Squires Kitchen设计师系列金属珠光食用色粉：香槟金

凝胶"宝石"：绿色（见第173页）

Squires Kitchen可食用胶水

无色透明酒精

工器具

基本工具（见第6～7页）

六边形聚苯乙烯底座：边长15厘米，高3厘米

聚苯乙烯球：直径2厘米

裱花嘴：4号

花艺铁丝：白色30号

珠串造型模：直径4毫米

细条纹纹路擀棒：图案任选

轧花纹路模：图案任选

绿色蛋糕支架：直径10厘米，高5厘米

底座的装饰方法

1. 用200克绿色翻糖膏覆盖六边形聚苯乙烯底座时，先覆盖蛋糕的顶部；将糖膏切成3.5厘米×46厘米的长条形，然后将长条形糖膏黏合在底座的侧面。在糖膏尚未干燥之前，在糖膏上压出图案，然后将它放置一旁晾干。最后将香槟金珠光色粉和无色透明酒精混合均匀后涂抹在图案上。

鸟笼的制作方法

2. 将直径8厘米的圆形切模放在蛋糕正中间的位置，然后沿着圆周做出标记。用皇家糖霜或是取食签在蛋糕侧面从顶部向下2厘米的位置上做出标记，然后将从顶部标记处到侧边标记处之间的蛋糕削去，将它切成半圆形。

3. 分别用250克的杏仁膏和绿色翻糖膏为蛋糕包面。先用部分杏仁膏覆盖蛋糕的圆顶，并去除多余的部分。将剩余的杏仁膏擀开后切出两个16.5厘米×8厘米的长方形，然后将这两块长方形的杏仁膏黏合在蛋糕的侧边。采用同样的方法用绿色的翻糖膏将蛋糕包裹好。

4. 按照如下方法在蛋糕的每一个侧面的顶部和底部边缘各做出5个标记：第一个标记处于中心的位置；第二个和第三个标记处于中心标记两侧1厘米的位置；第四个和第五个标记处于第二个和第三个标记外侧5毫米的位置。用直尺将顶部和底部的标记点连接起来，在蛋糕的侧面上划出五条彼此平行的垂直的线条。将蛋糕边缘处的六个中心标记点和半球形圆顶的圆心连接成线，作为鸟笼顶部的纹路线。用4号裱花嘴和白色的皇家糖霜在划好的线条上裱出糖霜线条，注意将每个侧面的中心线条留空。待糖霜干燥之后，在糖霜线条上涂抹白色珠光色粉和无色透明酒精的混合色液。

5. 用白色的塑形糖膏和直径4毫米的珠串造型模分别制作6条8厘米长的珠串和6条6厘米长的珠串。将8厘米长的珠串分别黏合在侧面留空的中心线上，然后将6厘米长的珠串黏合在鸟笼顶部的线条上。

6. 采用第161页上的方法，用6条18厘米长的糖膏制作6条8厘米长的皱褶装饰丝带，然后将这些丝带黏合在蛋糕的棱角线上。

7. 采用同样的方法，用18条14厘米长的糖膏制作18条6厘米长的皱褶装饰丝带。将其中的6条丝带黏合在鸟笼的圆顶上，然后将剩余的12条丝带水平地黏合在蛋糕的底部和顶部的边缘线上。

8. 用翻糖膏将直径2厘米的聚苯乙烯球包裹起来，并将它分成8等份（见第172～173页中圣诞装饰球的制作方法）。用白色的塑形糖膏制作8条直径为4毫米的珠串，将珠串分别黏合在圆球的等分线上，然后将装饰好的圆球固定在鸟笼的顶部。

小鸟的制作方法

重要提示：

小鸟造型内部包含一根铁丝，在蛋糕被食用之前必须将它从蛋糕上取下来，并确认蛋糕的定制客人了解蛋糕上的鸟儿是不可食用的。

9. 在制作小鸟的头部和躯干时，将20克的白色塑形糖膏揉成大约7厘米长的香肠形。将一端上提并拉伸成一个小鸟头部的形状。将少量的白色塑形糖膏擀薄，然后用细条纹纹

路棒在上面擀出花纹。将尺寸略大的带有纹路的糖膏覆盖在小鸟的躯干上，并将糖膏修饰整齐。用手指做出一个鸟喙的造型。

10. 用细笔刷的圆头在头部的两侧各按压出一个凹痕。用可食用胶水将小的绿色的凝胶圆片黏合在凹痕的位置上（见第173页圣诞装饰球章节中有关凝胶圆片的制作方法）。

11. 制作小鸟尾部时，将少量的白色塑形糖膏揉成一个小圆球，然后插入一根蘸有可食用胶水的30号的花艺铁丝。将圆球形糖膏沿着铁丝揉成大约5.5厘米长的香肠形。

12. 制作鸟的羽毛时，将白色的塑形糖膏擀薄，然后用细条纹纹路棒在上面擀出花纹。将糖膏切为适合的长度，然后用小滚轮刀在上面切出数个小口。制作鸟的尾巴时，先制作一根6厘米长2.5厘米宽的羽毛，然后将羽毛黏合在一根花艺铁丝上，最后将铁丝固定在小鸟的尾部。

13. 再制作一根7厘米×3厘米的羽毛，将它黏合在小鸟的背部，并与尾部的羽毛部分重叠在一起。

14. 制作小鸟的翅膀时，将白色的塑形糖膏擀薄后切成3.5厘米×1.5厘米的翅膀的形状。另取少量的白色塑形糖膏并将它擀薄，用和制作尾部的羽毛相同的擀棒在糖膏上擀出纹路。将带花纹的糖膏切得比翅膀形状的糖膏尺寸略大，然后用滚轮切刀在下半部切出数个小口。将带花纹的糖膏覆盖在翅膀形状的糖膏上，然后将它黏合到身体的一侧。

15. 制作小鸟的头冠时，用手指将少许塑形糖膏搓成大约2.5厘米长的细长的香肠形。用消过毒的大头针在糖膏上按压出V字形。将大头针插入V字形糖膏，将它提起来后放在鸟的头部，并用可食用胶水加以固定。重复上述方法再制作几个V字形的糖膏，并将它们分别黏合固定在鸟的头部。

16. 将香槟金色的珠光色粉和几滴无色透明酒精混合均匀，用细画笔将混合色液涂抹在鸟喙、头冠和羽毛上。在小鸟的躯干部涂抹少许飞燕草蓝和薰衣草混合色粉，然后在鸟的脸颊和胸部涂抹少许玫瑰色的色粉。

大师建议：

确认小鸟在完全干燥之后再放进鸟笼中。

圣诞定制婚礼蛋糕

（十二月）

可食用原材料

方形蛋糕：边长20.5厘米，高7.5厘米

圆形蛋糕：直径20.5厘米，高7厘米

六边形蛋糕：边长15厘米，高6厘米

Squires Kitchen杏仁膏：2.2千克

Squires Kitchen翻糖膏：蓝色2.2千克；白色1.4千克

Squires Kitchen速溶混合皇家糖霜粉：白色300克

Squires Kitchen专业复配着色食用液体色素：薄荷、蓝铃和玫瑰

Squires Kitchen设计师系列珠光食用色粉：白缎、玫瑰粉、薰衣草、梅多绿

Squires Kitchen设计师系列金属珠光食用色粉：香槟金

Squires Kitchen钻石形装饰糖片：直径1.4厘米

Squires Kitchen可食用胶水

无色透明酒精

工器具

基本工具（见第6~7页）

方形蛋糕托板（厚）：边长33厘米

圆形蛋糕托板：直径13厘米和20.5厘米

缎带：香槟色1.5厘米宽，1.1米长

棉线：90厘米长

裱花嘴：0号、3号和101s号

装饰

圣诞树和圣诞装饰球，见第172~177页的内容

蛋糕托板的装饰方法

1. 用900克的白色翻糖膏覆盖蛋糕托板（见第35页），然后将它放置一旁晾干。在托板上涂抹一层白色的珠光色粉，然后用无毒胶棒或双面胶带将香槟色的缎带黏合在蛋糕托板的侧边。

底层蛋糕的装饰方法

2. 分别用1千克的杏仁膏和蓝色翻糖膏为蛋糕包面，然后将它放置一旁隔夜晾干。在为蛋糕插入蛋糕支撑杆时，要注意直径20.5厘米的圆形蛋糕将摆放在距离底层蛋糕右侧边缘大约4厘米的位置，在蛋糕上确定好相应的点，然后将支撑杆插入到蛋糕中（见第38页）。

3. 用直尺和轧纹塑形工具从蛋糕侧面中心的位置到底角画出一条对角线，然后每间隔3厘米划出一条平行线。采用相同的方式在蛋糕侧面划出相互交叉的线条。将梅多绿色珠光色粉与几滴无色透明酒精混合均匀，然后用细头画笔为交叉的线条上色。将少量的薄荷绿色的蛋白糖霜装入裱花袋，在裱花袋的尖端剪一个小口，然后在线条的每一个交点上都裱出一个小圆点，最后将钻石形糖片黏合在圆点处。

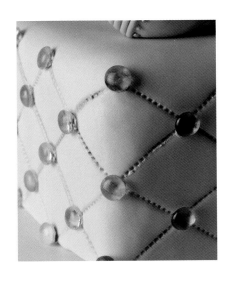

中层蛋糕的装饰方法

4. 将直径20.5厘米的圆形蛋糕固定在相同尺寸的蛋糕托板上。分别用800克的杏仁膏和蓝色翻糖膏为蛋糕包面，然后放置隔夜晾干。在为蛋糕插入蛋糕支撑杆时，要注意边长为15厘米的六边形蛋糕将摆放在蛋糕的左侧。在蛋糕上确定好相应的点，然后将支撑杆插入到蛋糕中（见第36页）。

5. 在蛋糕侧面，距离底部3.5厘米高的几个点上分别插入一根经消毒的玻璃头大头针。以大头针所在的位置为标记，将棉线在蛋糕上环绕一圈。切断棉线，两端各留下多余的10厘米的长度。将棉线的两端交叉，然后用双手拉紧线绳，从而在蛋糕上刻划出一条水平的标记线。去除蛋糕上的棉线和大头针，然后用直径7厘米的圆形切模在棉线切出的中线的上方和下方各印出一圈弧线。

大师建议：

在蛋糕中插入大头针时最好记录一下个数，这样在取出时就不会有遗漏了。

6. 将3号裱花嘴装入裱花袋，在中线和上下两边的弧线上各裱出2至3条薄荷绿色的皇家糖霜线条。使用0号裱花嘴在弧线的末端裱出蓝色和粉色（用蓝铃和玫瑰色液进行调染）的装饰圆点；注意越靠近蛋糕边缘裱出来的糖霜圆点越小。在玫瑰粉、梅多绿和薰衣草色珠光色粉中添加几滴无色透明酒精并混合均匀，待糖霜干燥之后，用细画笔将混合色液涂抹在糖霜圆点上为其上色。

顶层蛋糕的装饰方法

7. 将边长15厘米的六边形蛋糕固定在相同尺寸的蛋糕托板上。分别用400克的杏仁膏和蓝色翻糖膏为蛋糕包面，放置数小时晾干，然后在蛋糕中插入蛋糕支撑杆（见第38页）。

8. 在六边形蛋糕的每个侧面的中心做

一个标记，然后在每个标记两侧1厘米的位置另外做两个标记。以这些标记为参考在蛋糕上划出7条垂直的线条。

图案的裱饰方法

9. 花柱：将101s号的裱花嘴装入裱花袋，在袋中填入深蓝和浅蓝色的皇家糖霜，然后在蜡纸上裱出数个5片花瓣的花朵，将它们放置一旁晾干。待花朵干燥后，用绿色的皇家糖霜在蛋糕侧面的中线位置各裱出一条垂直的线条，然后用绿色糖霜将5片花瓣的花朵黏合固定在线条上。用轧纹塑形工具在绿色糖霜线条两侧的直线上再次轧出垂直的线条。在梅多绿色的珠光色粉中加入几滴无色透明酒精并混合均匀，然后用细头画笔将混合色液涂抹在线条上。

10. 花簇：用0号裱花嘴在涂有珠光色液的线条两侧的直线上裱出绿色的皇家糖霜线条，然后用0号裱花嘴在线条两侧的位置裱出数个蓝色的装饰圆点，形成花簇的形

状。待圆点干燥后，用细头画笔将薰衣草珠光色粉和无色透明酒精的混合色液涂抹在圆点上。最后用0号裱花嘴和绿色的皇家糖霜在线条上裱出叶片的形状。

11. 点状装饰：将0号裱花嘴装入裱花袋，并在袋中填入白色皇家糖霜，在蛋糕侧面最靠近边缘的两条直线上裱出糖霜线条。在线条的两侧交替性地裱出大号和小号的糖霜珠。待圆珠干燥后，用细头画笔分别将白色珠光色粉、香槟金色珠光色粉

和无色透明酒精的混合色液涂抹在圆珠上。

蛋糕的组装

12. 根据第172～177页介绍的方法制作圣诞树和装饰球。

> **大师建议：**
>
> 将蛋糕顶部的装饰物集中在一起，并确保顶层蛋糕位于蛋糕托板正中间的位置。

13. 将底层蛋糕固定在蛋糕托板的左侧，并留出3厘米的空间。用皇家糖霜将两个大的蓝色糖膏装饰球一前一后地黏合固定在蛋糕的右侧。将中层蛋糕摆放在底层蛋糕上偏向右侧的位置，然后用皇家糖霜将它们固定在一起。

14. 用皇家糖霜将圣诞树装饰固定在顶层蛋糕上，然后将它们固定在中层蛋糕左侧的位置。最后用皇家糖霜将直径为3～8厘米的装饰球固定在蛋糕和蛋糕托板上。

圣诞装饰球和圣诞树

可食用原材料

Squires Kitchen翻糖膏：白色500克

Squires Kitchen速溶混合皇家糖霜粉：白色200克

Squires Kitchen糖花膏：浅蓝色和白色，各100克

Squires Kitchen专业复配食用着色膏：薄荷、蓝铃、紫罗兰和玫瑰

Squires Kitchen专业复配着色食用液体色素：薄荷和蓝铃

Squires Kitchen设计师系列珠光食用色粉：白缎、玫瑰粉、薰衣草、飞燕草蓝、梅多绿和碧玉

Squires Kitchen设计师系列金属珠光食用色粉：香槟金

Squires Kitchen金色糖珠：直径3毫米

Squires Kitchen金箔和银箔

Squires Kitchen装饰用糖屑：蓝色

Squires Kitchen凝胶

Squires Kitchen可食用胶水

无色透明酒精

工器具

圆形聚苯乙烯球：直径2厘米，7个；直径2.5厘米，5个；直径3厘米，13个；直径4厘米，6个；直径5厘米，1个；直径6厘米，1个；直径7厘米，1个；直径8厘米，3个

圆形蛋糕托板：直径12.5厘米

圆形切模：直径2厘米

条形切模：3毫米

花纹压模：任选

雏菊花切模：1.5厘米（PME品牌）

花纹擀棒：任选

裱花嘴：0号、1号、3号和101s号

覆盖装饰球的方法

1. 将翻糖膏和糖花膏调染为理想的颜色备用。

2. 将彩色翻糖膏擀为3毫米的厚度，然后切出一个圆形，尺寸大约为聚苯乙烯球的2倍。在聚苯乙烯球上薄薄地涂抹一层可食用胶水，然后用彩色的翻糖膏将球体包裹起来。在糖膏上捏出四个褶，使糖膏贴合于圆球的形状。去除多余的糖膏，然后将糖膏球放在掌心轻揉直到表面平整光滑。

装饰方法

3. 大号的蓝色装饰球：用浅蓝色的翻糖膏包裹直径8厘米的装饰球，放置一旁直到糖膏表面开始变得干燥。在一根棉线的一端系一个小的圆环，并在装饰球的顶部插入一根经过消毒的大头针，然后将环形棉线套在大头针上。将棉线拉直绕球体底部一圈，然后从另一侧拉回到大头针所在的位置。重复相同的方法，将球体旋转90°后制作出另外的两根线条。重复上述的操作步骤，直到在装饰球系上足够数量的分隔线。将糖膏球放在掌心轻揉直到表面平整光滑。待糖膏干燥后将棉线取下来，然后采用与顶层蛋糕

相同的方法装饰这些分隔线（见第169页）。

4. 绿色装饰球：将白色和绿色的糖膏轻轻揉和在一起，擀开后将装饰球包裹起来。将绿色的糖花膏擀薄，用条形切模切出几根3毫米宽的细长条形，然后将它们黏合在球体中间的位置。用球形塑形工具在细长条形糖膏的两侧压出数个凹痕，然后将金色的糖球装饰在上面。

5. 蓝色装饰球：将白色和蓝色的糖膏轻轻揉和在一起，擀开后将装饰球包裹起来，然后用压模在糖膏的表面上印出图案。使用0号裱花嘴和白色的皇家糖霜裱出图案。待糖霜干燥之后，用细头画笔将白色珠光色粉和无色透明酒精的混合色液涂抹在图案上。

6. 浅绿色装饰球：用浅绿色的翻糖膏覆盖装饰球。将白色的糖花膏擀薄，用雏菊花瓣切模切出花瓣的形状，然后将它们黏合在装饰球上。用小的球形塑形工具在每朵花的中心压出一个凹痕。

7. 将凝胶溶于与它等重的热水中，然后加入几滴薄荷色的液体色素。在凝胶溶液尚未冷却时将其装入裱花袋，在袋子的顶部开一个极小的口，然后在防油纸上挤出数个圆点。待干燥后，将圆点黏合在花朵的中心作为花芯。

8. 粉色和紫色装饰球：将粉色和紫色的翻糖膏擀至2毫米厚度，然后将它们切成相同尺寸的长方形。将两

块长方形糖膏叠放在一起，然后切成5毫米宽的长条形。将所有的条形切面朝上并排摆放在一起，然后将它擀开，如图所示。用带条纹的翻糖膏包裹装饰球。

9. 浅蓝色装饰球：用浅蓝色的翻糖膏包裹装饰球。使用1号裱花嘴和浅蓝色的皇家糖霜在球体上裱出花朵的形状。用蓝色的装饰糖屑装饰花瓣和糖膏，然后用可食用胶水将凝胶圆点（见步骤7）黏合在花芯处。

10. 粉色丝带装饰球：将粉色和紫色的翻糖膏轻轻揉和在一起，擀开后将装饰球包裹起来。将粉色的糖花膏擀薄，然后用带纹路的擀棒在上面压出图案。切出一根足够长的条形，然后将它如同丝带一般缠绕在装饰球上，并用可食用胶水加以固定。

大师建议：

你可以根据自己的喜好用珠光色粉、金箔片或银箔片和装饰糖珠来装饰球体，以增添圣诞节庆的装饰效果。

圣诞树的制作方法

11. 用蓝色的翻糖膏覆盖直径12.5厘米的圆形蛋糕托板（见第35页）。采用步骤2的方法，用蓝色的翻糖膏将两个直径2厘米、一个直径2.5厘米和两个直径3厘米的聚苯乙烯球分别包裹起来。将少量翻糖膏揉成一个圆球的形状后将它轻轻压平，然后将它黏合在蛋糕托板正中心的位置。

12. 按从大到小的顺序将聚苯乙烯球逐个穿入一根竹签。将竹签垂直地插入到蛋糕托板正中心的糖膏球中，然后将它放置一旁晾干。最后将直径2厘米的装饰球顶部多余的竹签剪断。

13. 制作底层的圣诞树时，将浅绿色的糖膏擀开，然后切出5个直径为2厘米的圆片。将圆形的糖膏片均匀地黏合在聚苯乙烯球柱的周围，然后将直径4厘米的装饰球黏合固定在圆片的上面。

14. 搭建圣诞树时，将直径2厘米的圆形糖膏片黏合在想要放置装饰球的位置，然后按照如下的尺寸和数量依次添加装饰球：
第二层：5个直径3厘米的装饰球
第三层：5个直径3厘米的装饰球
第四层：4个直径2.5厘米的装饰球
第五层：4个直径2厘米的装饰球
第六层：1个直径2厘米的装饰球

15. 将浅蓝色的糖花膏擀薄，切出数个1厘米宽20.5厘米长的细长条形。在糖膏的反正两面上涂抹一层碧玉色的珠光色粉，然后将它轻轻地扭转成丝带状。将丝带形的糖膏黏合在蛋糕托板的边缘处，注意将接缝处隐藏好。

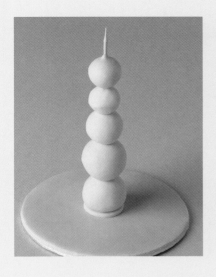

这些装饰球具有鲜明的节日特
色，既可以用来装饰圣诞树、作为节
庆饰物，也可以将它们叠放起来作为
餐桌的装饰摆件。

婚礼蛋糕伴手礼

在婚礼庆典中，杯子蛋糕、曲奇饼干和迷你蛋糕可以说是主婚礼蛋糕的绝佳搭配，它们不仅可以起到烘托婚礼主题的作用，还可以成为提供给客人的个性化礼品。该部分主要与大家分享如何将这些婚礼蛋糕伴手礼装饰得可爱又时尚的一些创意。

杯子蛋糕

可食用原材料

每个玛芬蛋糕需要50克蛋糕面糊（你可以使用自己的配方，也可以参考第10～15页的相关内容）

每个蛋糕需要70克Squires Kitchen翻糖膏

工器具

玛芬蛋糕底托

玛芬蛋糕烤盘

冷却网架

尖刀

1. 将烤箱预热到180℃。

2. 用选定的配方制作蛋糕面糊。在每个蛋糕底托中装入2/3满的面糊，然后烘烤大约20分钟，或是直到用手指按压蛋糕时，蛋糕能够回弹的状态。

3. 将蛋糕从烤盘中取出并放置到网架上冷却。

4. 待蛋糕完全冷却后，将蛋糕从底托中取出。先将蛋糕顶部凸起的部分削平，然后在蛋糕上涂上薄薄的一层奶油霜、巧克力酱（甘纳许）或是果酱。

5. 将糖膏擀到5毫米厚度，然后将它覆盖在杯子蛋糕上，并用手将糖皮整理平整。如果蛋糕底部的糖膏过多，可以用干净的剪刀在糖皮上剪出缺口，用双手将糖膏的表面整理平整后，用尖刀去除多余的糖膏。

> **大师建议：**
>
> 蛋糕上只需要涂抹很薄的一层奶油糖霜、果酱或是巧克力酱（甘纳许）即可，这样蛋糕的内馅就不会从糖膏中渗出来，从而破坏蛋糕的外观。

新娘和新郎杯子蛋糕

可食用原材料

杯子蛋糕：底部直径5厘米，顶部直径7厘米，高5厘米

每个蛋糕需要30克Squires Kitchen白色翻糖膏

每个蛋糕需要12克白色高硬度塑形糖膏：白色塑形糖膏和白色糖花膏按1∶1比例混合均匀

Squires Kitchen银色糖珠

少量Squires Kitchen蛋白糖霜

Squires Kitchen可食用胶水

工器具

基本工具（见第6～7页）

圆形切模：直径4厘米、4.5厘米、5厘米和5.5厘米

丝带：黑色缎带和白色雪纺丝带

杯子蛋糕围边：黑色斑马纹和蕾丝花纹

迷你头饰、迷你皇冠

新郎蛋糕

1. 将白色糖膏擀至1厘米厚，用直径4厘米的切模切出圆形，然后放置一旁晾干。

2. 取适量塑形糖膏，擀薄后用直径5厘米的切模切出圆形。在背面涂抹少许可食用胶水，然后将这块塑形糖膏覆盖在糖膏上。使用球形塑形工具在糖膏边缘压出凹痕，然后用少许的蛋白糖霜将银色糖珠黏合在凹痕的位置上。

3. 用白色糖膏覆盖好杯子蛋糕，然后用黑色斑马纹的围边进行装饰。使

用蛋白糖霜将圆形的糖膏黏合固定在蛋糕上面。用黑色丝带打个结，然后用双面胶粘贴在围边的正前方，这样看起来就像是蝴蝶结一样。最后将迷你皇冠放在圆形糖膏的上面作装饰。注意蛋糕在食用之前务必取下皇冠装饰物。

新娘蛋糕

1. 将白色糖膏擀成5毫米厚，用直径4.5厘米的切模切出圆形，然后放置一旁晾干。

2. 重复制作新郎蛋糕的步骤，用银色糖珠和蕾丝花纹围边修饰蛋糕。将一个迷你新娘头饰放在蛋糕顶部，并在饰物背面系一条雪纺丝带。注意蛋糕在食用前务必将上面的头饰取下。

礼盒迷你蛋糕

大师建议：

　　迷你蛋糕和杯子蛋糕的烘烤方式基本相同，但在制作时最好使用独立的迷你蛋糕模具而不是玛芬蛋糕烤盘。　另外每个独立的蛋糕模具在注入面糊之前都要薄薄地涂上一层油或者垫上防油纸。

可食用原材料

方形海绵蛋糕：长宽高均为5厘米

每个蛋糕需要60克Squires Kitchen浅蓝色翻糖膏

少量的白色Squires Kitchen蛋白糖霜

高硬度塑形糖膏：5~10克（白色塑形糖膏和白色糖花膏按1：1比例混合均匀）

Squires Kitchen设计师系列珠光食用色粉：白缎

工器具

基本工具（见第6~7页）

水钻珍珠花饰或类似的装饰物

0号裱花嘴

裱花袋

小号花托

色粉刷

1. 将浅蓝色的糖膏擀薄后，采用覆盖大号方形蛋糕同样的方法为迷你海绵蛋糕包面（见第34页）。

2. 将塑形糖膏擀薄，然后分别切出两条1.2厘米×15厘米的细长条和两条1.5厘米×12厘米的细长条。用色粉刷在这四条糖膏上涂抹少许珠光色粉。

3. 将两条1.2厘米×15厘米的塑形糖膏交叉摆放在蛋糕上，形成丝带的装饰效果，然后用可食用胶水将它们粘贴固定好位置。使用0号裱花嘴和白色的蛋白糖霜在丝带的边线上添加小圆点装饰。

4. 将剩余的两条糖膏折叠成蝴蝶结的形状，然后将它黏合固定在蛋糕的顶上做装饰。在蝴蝶结的后面插入一个花托，然后将水钻珍珠花饰或相似的其他装饰物插入花托中。注意蛋糕在食用之前务必要把花托和装饰物取下。

小花朵迷你蛋糕

可食用原材料

圆形海绵蛋糕：直径和高度均为5厘米

每个蛋糕需要60克Squires Kitchen
白色翻糖膏

塑形糖膏：5~10克（白色塑形糖膏和
白色糖花膏按1：1比例混合均匀）

Squires Kitchen白色糖花膏：10克

Squires Kitchen设计师系列珠光食
用色粉：浓奶油色、白缎

少量Squires Kitchen白色蛋白糖霜

工器具

基本工具（见第6~7页）

条形切模：3毫米宽度

褶边切模

大号康乃馨切模

珍珠串造型模具：直径3毫米

0号裱花嘴

针形塑形工具

骨形塑形工具

1. 将白色糖膏擀薄，采用和覆盖杯子蛋糕一样的方法覆盖海绵蛋糕（见第178页）。

2. 用条形切模在包好的糖皮上印刻出3毫米宽的垂直线条，然后用球形塑形工具在蛋糕顶部压出一个凹痕。用软毛刷在蛋糕表面涂抹一层浓奶油色的珠光色粉。

3. 用针形塑形工具在距离蛋糕底部1.5厘米的高度做一圈标记，标记之间的间距为1厘米。将塑形糖膏擀薄后，用褶边切模切出一条2.5厘米宽的条形。将条形糖膏切成多个3厘米长的小块，然后用取食签在每片糖膏上按压出褶皱效果。用可食用胶水将压出褶皱的小块糖膏的中心部分粘贴在蛋糕的标记处。使用

0号裱花嘴和白色的蛋白糖霜在糖膏的中线和蛋糕的侧边挤出圆点作装饰。待糖霜完全干燥后，在褶边和圆点上涂抹少许白缎珠光色粉。

4. 将白色糖花膏擀薄，用康乃馨花切模切出6组花瓣并涂抹一层白缎珠光色粉。用骨形塑形工具在花瓣的边缘处压出波浪皱褶，然后将花朵分别折成1/4大小。捏紧糖膏的底部，然后用可食用胶水将6朵小康乃馨黏合固定在蛋糕顶部的凹痕处。

5. 在珍珠串造型模具中涂抹一层白缎珠光色粉，然后使用白色的塑形糖膏做出一串珍珠的造型（见第158页制作蕾丝蜻蜓部分的内容），然后用可食用胶水将珍珠固定在康乃馨花束的周围。

玫瑰杯子蛋糕

可食用原材料

杯子蛋糕：直径7厘米，高3厘米

每个蛋糕需要80克粉色奶油霜（制作方法见第21页，用玫瑰色的液体色素或色膏调染成粉色）

每个蛋糕需要30克淡绿色奶油霜（制作方法见第21页，用叶绿色的液体色素或色膏调染成绿色）

Squires Kitchen白色翻糖膏：30克

Squires Kitchen可食用胶水

工器具

基本工具（见第6~7页）

杯子蛋糕装饰围边

裁成正方形的防油纸

裱花嘴：67号花瓣花嘴和104号叶片花嘴

直径7厘米的圆形切模

1. 使用104号裱花嘴，在裱花袋内装入1/3满的奶油霜。

2. 用奶油霜将一块正方形的防油纸粘在裱花钉上。用裱花嘴的平头在纸的中心挤出一条短的奶油霜线条。手握裱花袋，注意与装饰表面垂直呈90°，裱花嘴粗的一端在线条正中的位置。一边在裱花袋上施力，一边将裱花钉旋转一圈半，这样就挤出一个较窄的圆柱体。以圆柱体1/2的高度为起点，再次将裱花钉旋转一圈半挤出第二个圆柱体。

3. 用左手捏住裱花钉逆时针旋转挤出一片花瓣。如果你的惯用手是左手，就用右手捏住裱花钉顺时针旋转。

4. 裱内侧的花瓣时，用和之前相同的姿势捏住裱花钉，然后在圆柱体周围均匀地挤出三片花瓣。裱这些花瓣时只要将裱花钉旋转一周即可，裱好的花瓣应该比第二个圆柱体略高。

5. 裱外侧的花瓣时，将裱花嘴轻轻朝外倾斜，然后在内层花瓣的外侧挤出5片花瓣。裱这些花瓣时将裱花钉旋转一周并尽量将花瓣交叠起来。完成裱饰之后将黏合在防油纸上的玫瑰花放在烤盘中，然后放在冰箱中冷藏直到定形。

6. 将白色的糖膏擀至3毫米厚，用直径7厘米的切模切出圆形。在蛋糕的顶部薄薄地涂抹一层奶油霜，然后将糖膏覆盖在上面。用球形塑形工具在糖膏上压出7个凹痕：一个在正中间，另外6个环绕在中心点的周围。选用蛋糕围边对蛋糕进行装饰。

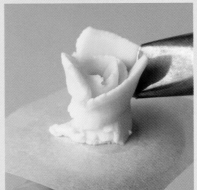

7. 当玫瑰花冷却定形后，将它从防油纸上取下，用剪刀将玫瑰花底部多余的奶油霜裁掉。在蛋糕中心的凹痕处涂抹少许可食用胶水，然后将玫瑰花黏合固定在上面。重复同样的方法，将另外6朵花也黏合固定在凹痕处。

8. 使用67号裱花嘴，将绿色的奶油霜填充入裱花袋中至半满。手持裱花袋，使裱花袋与装饰面形成45°的斜角，将裱花嘴平放在玫瑰花的底部。挤出叶片的形状，然后慢慢减小力度，将裱花袋倾斜45°后上提并移开裱花袋。用手指将叶片的尖端修饰整齐。环绕杯子蛋糕一周在玫瑰花底部填充叶片进行装饰。

大师建议：

你也可以采用同样的方法改用高硬度的蛋白糖霜来制作玫瑰花，注意蛋白糖霜制作的玫瑰花需要在室温中干燥，不必放入冰箱冷藏定形。

婚纱礼服曲奇饼干

可食用原材料

婚纱礼服裙形状的曲奇饼干（配方见第16页）。

Squires Kitchen速溶混合皇家蛋白糖霜粉：白色

Squires Kitchen糖花膏：浅绿色和白色

Squires Kitchen设计师系列珠光食用色粉：白缎

工器具

纸质裱花袋和烘焙用透明玻璃纸裱花袋

0号裱花嘴

参考第28页有关如何调制流动蛋白糖霜的说明

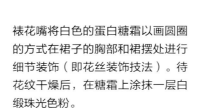

1. 将调制好的白色的蛋白糖霜装入透明玻璃纸裱花袋中，在尖端剪一个大小类似于0号或1号裱花嘴的小口，然后在曲奇饼干上勾画出外轮廓线。

2. 在另一个裱花袋中填入流动蛋白糖霜，在裱花袋的尖端剪一个略大一些的开口。 用流动蛋白糖霜把轮廓内部的空间填满，然后将饼干放置在台灯下烤干。

3. 待流动糖霜彻底干燥后，使用0号裱花嘴将白色的蛋白糖霜以画圆圈的方式在裙子的胸部和裙摆处进行细节装饰（即花丝装饰技法）。待花纹干燥后，在糖霜上涂抹一层白缎珠光色粉。

4. 将白色的糖花膏擀薄，分别切出一个直径1.5厘米的圆形、6个4厘米的椭圆形和2个2厘米宽7厘米长的条形。将椭圆形对半折起做成玫瑰花的形状，并在花朵上面涂抹一层白缎珠光色粉。

5. 将每根长条形糖膏斜着切开，然后将对称的一端拼在一起。采用同样的方法用蛋白糖霜在斜边上以画小圆圈的方式添加花纹作为装饰。用少量蛋白糖霜将圆形的糖花膏粘贴到婚纱礼服裙的腰部。

6. 用浅绿色的糖花膏制作一些小的叶片和花茎，并将它们黏合在圆形的糖花膏上，然后用可食用胶水将玫瑰花固定在上面。最后用少量蛋白糖霜将拼在一起的条形糖膏粘贴在裙子的背部作为装饰。

大师建议：

你也可以用两种不同长度的曲奇饼干切模来制作不同款式的婚纱礼服裙——一款是宽摆的裙子，另一款是比较修身的裙子。在将饼干放入烤箱进行烘烤之前你还可以通过修改裙子的长度和领口的造型来体现更为个性化的设计风格。

用不同的切模和配色，你也可以为伴娘、花童乃至客人制作不同款式的裙子和配饰等造型饼干。

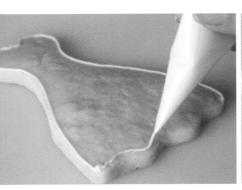
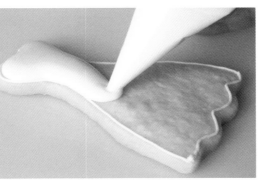

糖花制作方法指南

用切模/模板制作花瓣

1. 在不粘擀板上涂抹少许固体植物白油，然后用不粘擀面杖或尖头造型棒将糖花膏擀薄。

2. 用花瓣切模或是用小轮刀依据模板的形状切出花瓣造型。为了使切边更为整齐光滑，也可以在切模上涂抹少许植物白油。

大师建议：

　　将暂时不用的糖花膏保存在食品级的塑料袋中密封保存，以防糖膏风干变硬。

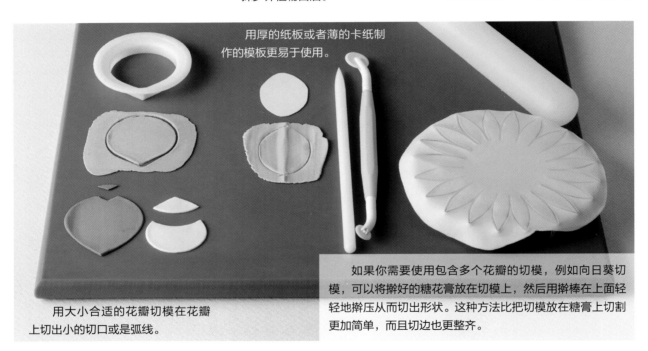

用厚的纸板或者薄的卡纸制作的模板更易于使用。

用大小合适的花瓣切模在花瓣上切出小的切口或是弧线。

如果你需要使用包含多个花瓣的切模，例如向日葵切模，可以将擀好的糖花膏放在切模上，然后用擀棒在上面轻轻地擀压从而切出形状。这种方法比把切模放在糖膏上切割更加简单，而且切边也更整齐。

制作带铁丝的花瓣和叶片

大师建议：

　　将铁丝插入花瓣或叶片之前，先在铁丝上蘸取少许可食用胶水，这样会使铁丝的位置更容易固定。

　　将铁丝一直插入到花瓣或叶片的最末端，这样可以使其更为坚固。插入铁丝之后你可以用手指对花瓣或是叶片进行进一步的造型，让形状变得更加生动自然。

小片的带铁丝的花瓣和叶片

　　能同时制作数片小花瓣和叶片的最有效的方法是先擀出一个长条形的糖花膏，在每片花瓣或是叶片的位置上留出一个用来插入铁丝的隆起。以隆起的位置作为参考，你就可以从长

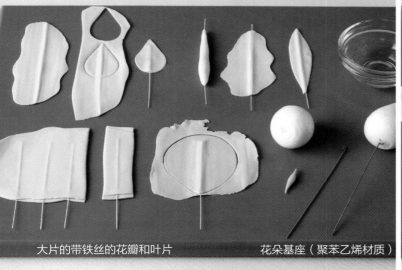

小片的带铁丝的花瓣和叶片　　　长条形的带铁丝的花瓣和叶片

大片的带铁丝的花瓣和叶片　　　　　花朵基座（聚苯乙烯材质）

为花瓣和叶片添加脉络纹路

特殊设计的脉络纹路

条的糖膏上切出多片花瓣或者叶片。

1. 擀出一个长条形的糖花膏，在中心留出一个隆起用来插入铁丝。

2. 将涂有可食用胶水的糖艺铁丝小心地插入到花瓣或叶片的隆起处，注意用手指捏住隆起的两端，以防铁丝穿透糖膏。

大片的带铁丝的花瓣和叶片

　　制作大片带铁丝的花瓣和叶片最有效率的方式是将一片薄的糖花膏放在另外一片糖花膏上，然后将铁丝夹在两片糖膏中间。

1. 取少量糖花膏，擀薄后切成两片。将一些涂有可食用胶水的铁丝在其中的一片糖膏上一字摆开，再将另外一片糖膏覆盖在上面。注意在铁丝之间要保留足够宽的距离，以便切出大小合适的花瓣或叶片的形状。

2. 将糖膏切成条形，每条糖膏的中心都有一根铁丝。用尖头造型棒沿着铁丝的轮廓将糖膏擀薄，然后用花瓣切模或模板切出花瓣或叶片的形状。

长条形的带铁丝的花瓣和叶片

1. 将糖花膏擀成一个长条形，在其中插入一根涂有可食用胶水的铁丝。

2. 将带铁丝的条形糖膏放在不粘擀板上，然后沿着铁丝的轮廓向上擀，直到达到合适的长度。

3. 用尖头造型棒将条形的糖膏擀薄，并切出需要的形状。

花朵基座（聚苯乙烯材质）

1. 用竹签在聚苯乙烯的花朵底座上开一个孔，在孔内注入一些可食用胶水。

2. 将一小片糖花膏插进孔中。

3. 在铁丝的一端做一个弯钩，并涂上可食用胶水。将铁丝插入糖花膏中，放置一旁直至干燥。

为花瓣和叶片添加脉络

　　在花瓣上添加脉络纹路，推荐使用竹签或者纹路造型工具，并将花瓣放在不粘擀板上进行操作。竹签适合为长条形的花瓣添加纹路，比如洋桔梗花、姜花、大丽花或水仙花；纹路造型工具比较适用于圆形的花瓣，比如玫瑰花、毛茛花或者蝴蝶兰等。

　　将竹签在已经擀得很薄的糖膏上分部进行擀压，竹签的尖端朝向花瓣的底部。

　　制作脉络纹路较为复杂的叶片，例如玫瑰花叶片、山茶花叶片和绣球花叶片等，最好能使用定制的纹路模。但是制作纹路相对简单的叶片时，可以将叶片放在海绵垫上，然后直接用尖头塑形工具在上面画线。握持塑形工具时，工具顶端要和糖膏呈一个倾斜的角度，否则可能会将糖膏刺穿。

花瓣和叶片的造型

骨形塑形工具最适合在花瓣上修饰出波浪纹。尖头塑形工具则适合制作小卷边。在柔化花瓣和叶片的边缘时，将工具在糖膏边缘的位置上前后滚动，注意工具的位置应该是一半在糖膏上，另一半在海绵垫上。

卷边

要将花瓣做出向外翻卷的效果，先要将花瓣放在海绵垫上，然后将一根竹签放在花瓣的边缘处，用花瓣侧边将竹签包裹起来并加以定形。为诸如雏菊或是玫瑰花萼这类有多片花瓣的花朵做向往翻卷的效果时，用骨形工具将每片花瓣都向外朝着尖端的方向拉伸，然后再朝着中心向内施力，这样就可以产生卷曲的效果了。

半球形

将花瓣制作成半球形的方式有三种，你可以根据要制作的花朵的类型来选择最适合的方式。

- 将花瓣放在海绵垫上，用球形塑形工具在花瓣的中心划圆圈，从而使花瓣形成半球形。
- 将花瓣放在海绵垫上，用小的球形工具朝小花朵的中心向内推压。
- 将一片花瓣放在聚苯乙烯球上并整理伏贴，在花瓣底部的中心位置将多出来的糖膏捏合在一起，从而使

大师建议：

将叶片或花瓣的外缘处理得光滑轻薄可以使花朵看起来更加自然。

花瓣贴合聚苯乙烯球的弧度并形成半球形。

墨西哥草帽形的制作技法

这一技法主要用于制作像水仙花这样小而有一定深度的花朵造型。

1. 在海绵垫上找到一个大小适合的圆孔，将揉成球形的糖花膏放在圆孔的位置上并向下按压使糖花膏在孔洞处形成一个小的圆球形。

2. 将糖花膏从海绵垫上移开后放在防粘擀板上，小圆球形的一面朝上，用尖头造型棒围绕着圆球形将糖膏擀薄，然后取大小合适的切模切出花朵的形状。

3. 将花朵放在海绵垫上，然后用骨形塑形工具将花瓣向外拉伸，使花瓣形成向外翻卷的效果。

4. 使用尖头造型棒的圆头的一端在花芯处轻轻按压，然后将花瓣围拢在一起。

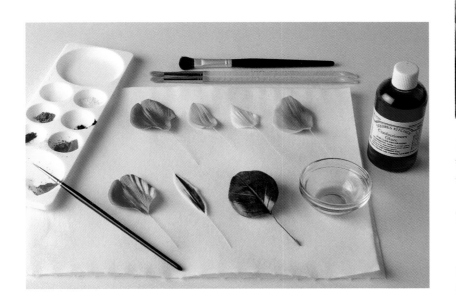

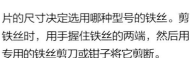

为花瓣和叶片上色

我们通常使用色粉来为花瓣和叶片上色，使它们看上去更为自然。上色时先在调色盘中将选中的色粉混合在一起，用软毛刷蘸好色粉之后，要先在厨房纸上轻蘸几次，将多余的颜色去掉，然后将色粉轻轻地涂抹在花瓣或叶片上。注意一定要在糖膏完全干燥之前上色，这样颜色会更加生动。如果要实现深色的效果，可以将花瓣或叶片用烧水壶的蒸汽快速地熏一下，这样可以使颜色更深更饱满。但是，每片叶片或花瓣只能过2~3次蒸汽，过多的蒸汽会让色粉的颜色看起来很不自然。

你也可以在色粉或者色膏中加入几滴无色透明酒精，然后用细头笔刷将颜色描画在叶片或花瓣上。在本书中，我使用了这种方式为山茶花和吊兰花上色。

为了让叶片看起来更有光泽，可以用笔刷在上面涂抹一层糖果光泽剂。笔刷在使用之后需要用釉面清洁剂进行清洗，这一类商品在糖艺用品店中都可以买到。

花艺铁丝

花艺铁丝的标号越大，铁丝的直径就越细。你需要根据要制作的花朵、叶片的尺寸决定选用哪种型号的铁丝。剪铁丝时，用手握住铁丝的两端，然后用专用的铁丝剪刀或钳子将它剪断。

常用的铁丝型号

32号花艺铁丝常用于制作花藤：可以将32号花艺铁丝缠绕在竹签上或者笔刷的手柄上进行造型。

30号白色糖艺铁丝常用于制作花瓣。

30号绿色糖艺铁丝常用于制作叶片。

28到20号顶端带弯钩的花艺铁丝常用来制作花芯或底座：用钳子将糖艺铁丝的一端弯成一个钩形，这样它就更容易固定，不会从花芯顶端或是底座中穿透过去。

20号糖艺铁丝用来制作U形弯钩：取一段5~6厘米长的铁丝，用钳子弯成U形。U形铁丝可以用来将花束巧妙地固定在蛋糕上。

花瓣和叶片的定形方法

让翻糖花朵在干燥过程中仍然能保持原来的形状是很重要的。纸巾和薄的铝箔纸可以用来为任何尺寸或形状的花朵作支撑，是帮助糖花定形的理想媒介。

花朵支架

花朵支架是为内部有铁丝支撑的花朵专门设计的。我们可以将带铁丝的花瓣和小花朵插入支架上的空洞中，直到干燥定形。

铝箔

剪出一片正方形的铝箔，将铝箔纸从边缘到中心处划一道切口，然后将铝箔缠绕在花朵周围，防止花瓣张开变形。

纸巾/厨房用纸

将一片厨房用纸撕成条形，然后将纸条折成环形。将花瓣放在纸环里面，纸巾在花瓣干燥的过程中可以起到支撑和定形的作用。

聚苯乙烯块

如果使用比较粗的花艺铁丝（24号或以上），在花芯干燥之后，可以将铁丝的末端插进聚苯乙烯块中让花朵干燥定形。

糖花的组合和展示

我们一般会使用1/2宽幅的花艺胶带缠裹花艺铁丝或者将小花束组合在一起，使用宽幅的花艺胶带将较大型的花束组合在一起。

单支花茎的缠裹方法

1. 先用手将花艺胶带延展拉伸，以释放其中的胶质。

2. 将胶带定位在花朵或是叶片底部略低的位置上。

3. 一只手持花艺铁丝，用另一只手的手指紧紧捏住铁丝与胶带，采用捻的动作将胶带黏合在铁丝上。

4. 待胶带粘牢之后，继续沿着铁丝向下缠绕，注意将胶带拉得越紧绷越好。

花束的组合

将缠好花艺胶带的单支花茎或是小花束逐个进行添加，并用胶带将它们分步捆绑成花束。

1. 用绿色的1/2宽幅的胶带将每根铁丝都分别缠裹好。

2. 用1/2宽幅的胶带将一片小叶片与花蕾捆绑在一起，然后将另外一片叶片添加进来，用胶带缠紧。

3. 先将两朵花捆绑在一起，再加入1~2片叶子，然后用全宽的胶带将它们缠裹在一起。

4. 以这个小花束为中心，分别加入已经捆绑好的花蕾和其他的叶片，用胶带将它们捆成一束清爽简洁的花束。

用花托将花束固定到蛋糕上

先在花托中填入少量的糖膏，然后将花托的尖端插入蛋糕上想要安放花束的位置。用U形花艺铁丝将花茎扣紧，然后将整个花束与花托固定在一起。

如果有必要的话，可以使用较大的叶片遮住花托。

如果要将诸如山茶花、英国玫瑰和热带风情蛋糕上的这种较大的花束固定在蛋糕上，可以在2~3个花托中填入糖膏，然后用2~3个U形花艺铁丝将花束固定在一起。

大师建议：

你也可以用蛋糕模型来安放较大的花束。这样做不仅可以减轻多层蛋糕整体的重量，而且可以避免破坏真正的蛋糕层。你还可以根据自己的时间安排提前完成花束在模型蛋糕上的安装与展示工作。

用糖膏来固定花束

取少量的糖膏揉成一个圆球形状，用可食用胶水将它固定在蛋糕或蛋糕托板上，然后将缠好胶带的花艺铁丝插入糖膏中，这样你就可以将一个小的花束或者一朵大型的花朵固定在蛋糕上了。在无法使用花托的情况下这是一种非常实用的方法。

特别注意：

不要将铁丝直接插入即将被食用的蛋糕或者糖膏层中。切分蛋糕之前要先将含有铁丝的花朵、花托和其他不可食用的物件从蛋糕上取下来。

花朵目录

模 板

山茶花婚礼蛋糕
第42~51页

山茶花曲奇饼干，第50～51页

情人节婚礼蛋糕，第52～61页

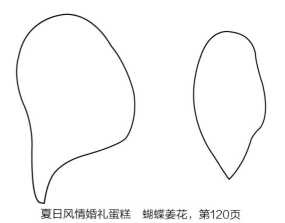

夏日风情婚礼蛋糕　蝴蝶姜花，第120页

浪漫婚礼蛋糕

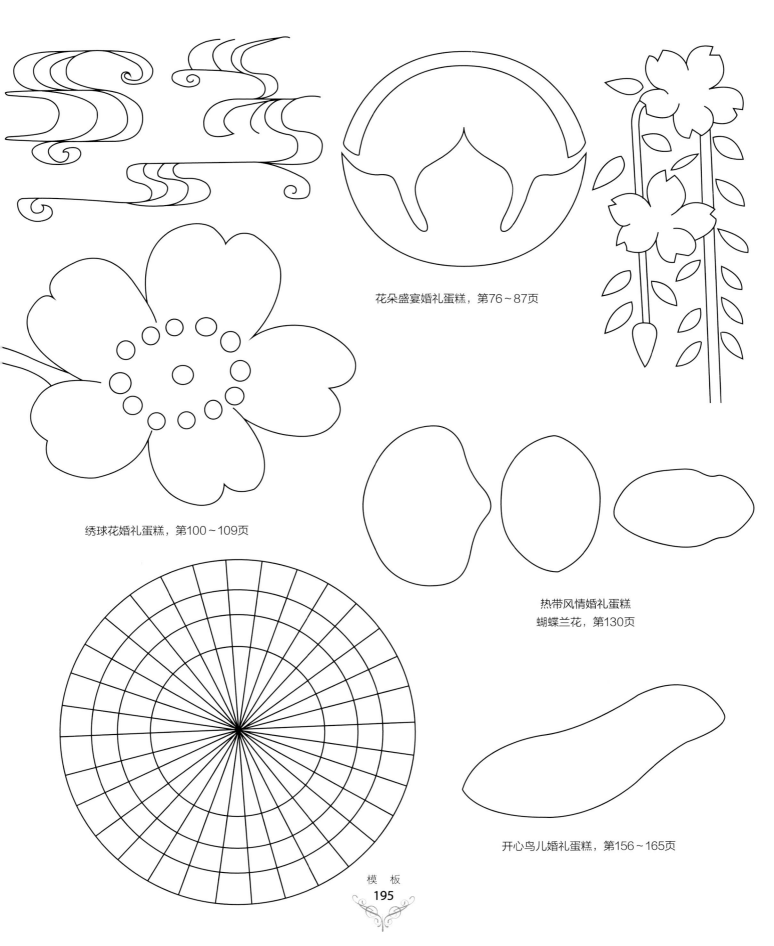

花朵盛宴婚礼蛋糕，第76～87页

绣球花婚礼蛋糕，第100～109页

热带风情婚礼蛋糕
蝴蝶兰花，第130页

开心鸟儿婚礼蛋糕，第156～165页

图书在版编目（CIP）数据

浪漫婚礼蛋糕／（日）山本直美著；张新奇，傅娜译. —
北京：中国轻工业出版社，2020.7
ISBN 978-7-5184-2864-9

Ⅰ. ①浪… Ⅱ. ①山… ②张… ③傅… Ⅲ. ①蛋
糕–糕点加工 Ⅳ. ①TS213.23

中国版本图书馆 CIP 数据核字（2019）第 289783 号

免责声明

　　本书作者以及出版社已尽最大努力确保本书的内容不会给读者带来任何伤害或危险。请注意本
书的作品中使用了部分不可食用的材料，例如花艺铁丝和牙签。在食用蛋糕时，请务必将这些不可
食用的材料移除。同样地，任何非食品级的工具和材料都不要直接与任何会被食用的蛋糕或蛋糕覆
盖物接触。作者和出版社均不会为操作过程中的错误或疏忽而导致的安全事件负责。

责任编辑：张　靓　　　责任终审：劳国强　　　封面设计：奇文云海
版式设计：锋尚设计　　责任校对：晋　洁　　　责任监印：张　可

出版发行：中国轻工业出版社（北京东长安街6号，邮编：100740）
印　　刷：北京富诚彩色印刷有限公司
经　　销：各地新华书店
版　　次：2020年7月第1版第1次印刷
开　　本：889×1194　1/16　印张：12.25
字　　数：240千字
书　　号：ISBN 978-7-5184-2864-9　定价：128.00元
邮购电话：010-65241695
发行电话：010-85119835　传真：85113293
网　　址：http://www.chlip.com.cn
Email：club@chlip.com.cn
如发现图书残缺请直接与我社邮购联系调换
191104S1X101ZYW

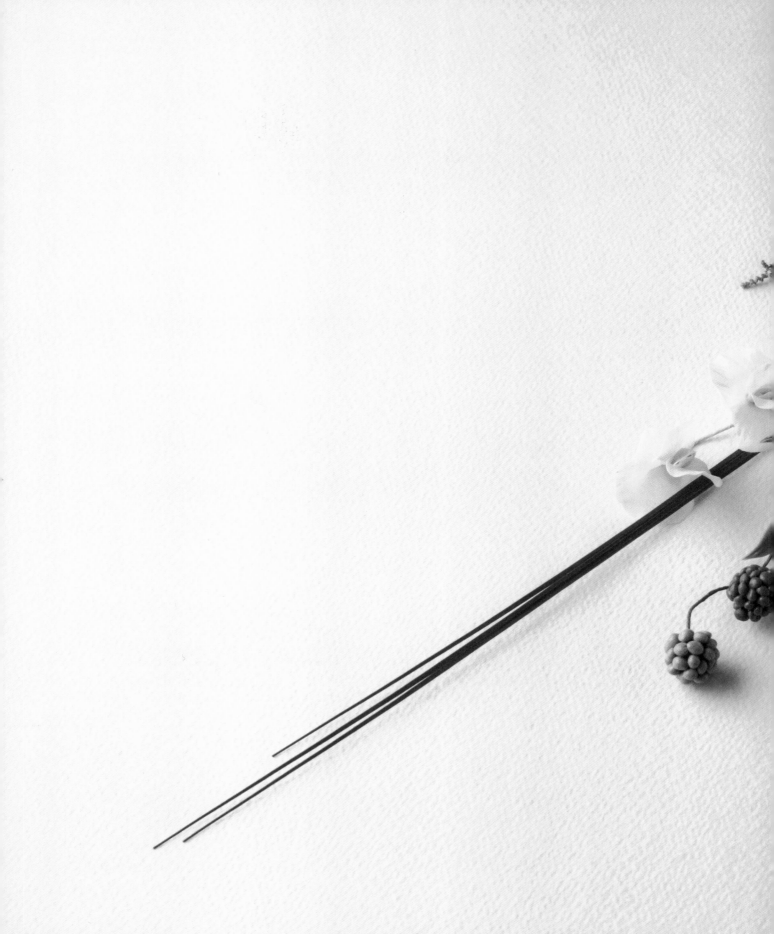